LA VITA DI UNA STELLA

ALLE FRONTIERE DEL COSMO

饌工

LA VITA DI UNA STELLA

[意] 詹卢卡·兰齐尼 —— 主编 [意] 洛兰左·皮祖提 —— 著

汪诗雄 翟风慧 —— 译

星星的一生

SPM
南方传媒

广东人民出版社
·广州·

图书在版编目（CIP）数据

星星的一生 /（意）洛兰左·皮祖提著；汪诗雄，翟凤慧译. — 广州：广东人民出版社，2023.6

ISBN 978-7-218-16506-6

Ⅰ.①星… Ⅱ.①洛…②汪…③翟… Ⅲ.①天体—儿童读物 Ⅳ.①P1-49

中国国家版本馆CIP数据核字（2023）第056817号

XINGXING DE YISHENG
星星的一生

［意］洛兰左·皮祖提 著 汪诗雄 翟凤慧 译 　　版权所有 翻印必究

出 版 人：肖风华

责任编辑：王庆芳　方楚君　杨言妮
责任技编：吴彦斌　周星奎
特约编审：单蕾蕾

出版发行：广东人民出版社
地　　址：广州市越秀区大沙头四马路10号（邮政编码：510199）
电　　话：（020）85716809（总编室）
传　　真：（020）83289585
网　　址：http://www.gdpph.com
印　　刷：北京尚唐印刷包装有限公司
开　　本：889毫米 × 1194毫米　　1/16
印　　张：10　　　字　　数：224千
版　　次：2023年6月第1版
印　　次：2023年6月第1次印刷
定　　价：86.00元

如发现印装质量问题，影响阅读，请与出版社（020-85716849）联系调换。
售书热线：（020）85716864

目录

科学是共同体

卢卡·佩里

1783 年，英国科学家约翰·米歇尔提出了一种可能性，即一个物体的质量如此之大，甚至光都无法逃脱它的引力。这样的物体可能是看不见的，他称它为暗星。这个想法在 15 年后被法国人皮埃尔·西蒙·拉普拉斯采用并发展。

从 1915 年开始，阿尔伯特·爱因斯坦证明了真空中的光速是一个常数和一个极限速度，以及空间和时间是联系在一起的，在这之后他提出了广义相对论。引力是大质量天体时空变形的结果，这些大质量天体也能影响光。该理论还预测，大质量天体的加速也会导致时空的其他变形，这种变形被称为"引力波"，其传播速度与光速相同。1916 年，德国物理学家卡尔·施瓦茨柴尔德从相对论的角度研究暗星。他假设小型但密度极高的天体能够产生极端的时空变形。荷兰的约翰内斯·德罗斯特也得出了同样的结论。然而，德罗斯特谈到了一个奇怪又迷人的物体：奇点，一个时空曲率趋于无穷的点。近二十年来，阿瑟·爱丁顿和乔治·勒梅特等杰出人物一直在努力研究这一概念。事件视界的概念也随之诞生，不归点，即任何东西都无法逃脱黑暗之星的门槛。

1931 年，印度的苏布拉马尼扬·钱德拉塞卡计算出，超过一定质量的垂死恒星会自我坍缩形成一颗中子星。1939 年，包括罗伯特·奥本海默在内的科学家们预测，超过一定质量的中子星会坍缩成暗星。他们还计算出，在事件视界附近，时间会减慢到静止状态，太空旅行者不会看到恒星完全坍缩，而是在坍缩中"冻结"。

然而，阿尔伯特·爱因斯坦却不以为然，在他看来，奇点在广义相对论中是一种危险的不一致性。他计算出，粒子必须超过光速才能达到这样的物质密度。爱因斯坦的想法很简单，如果某件事情与他的相对论相违背，那就是错误的。然而，奥本海默、美国的斯奈德和印度的阿马尔·雷乔杜里的研究表明，在不违反相对论原则的情况下，有可能出现这样的密度。

但爱因斯坦说，要想让一颗恒星自我坍缩，需要完美的球形对称性。而完美并不是自然界的一部分。爱因斯坦在 1955 年去世，他确信暗星只不过是一种数学上的解决方案。九年后，罗杰·彭罗斯（2020 年诺贝尔物理学奖得主）证明，即使在不完全对称的条件下也会发生坍缩。1967 年，被认为是善于命名的物理学家约翰·阿奇博尔德·惠勒创造了黑洞一词。朗朗上口，不幸的是有误导性，因为时空中并没有洞。约翰还声称黑洞没有毛发。对约翰来说，毛发是关于坍缩天体的信息，但是它已经消失在事件视界后面而无法获取。约翰是一个善于使用名字的人。包括彭罗斯和霍金在内的一批物理学家证明了"无毛定理"，他们还论证不可能存在一个裸露的奇点不被事件视界所包围。

从 1971 年开始，霍金表明，奇点并不罕见和偶然。1974 年，他提出了一个理论，即黑洞发出热辐射是因为量子效应。该观点认为，由于黑洞是垂死的恒星，它们可能具有类似恒星的特征。因此，可能存在着旋转的黑洞、受引力约束的黑洞系统或融合的黑洞。然而，这些都是假设，可能有间接的证据，但没有人能找到关于黑洞存在的确切证据。如何才能探知黑洞？

在 20 世纪 60 年代到 80 年代，国际社会发现了存在质量为太阳数千倍、数百万倍甚至数十亿倍的天体的线索。目前还不知道它们是如何形成的，但如果它们存在，就会坍缩成超大质量的黑洞。1971 年，唐纳德·林登贝尔和马丁·里斯提出，在距离地球 26000 光年的银河系中心有一个这样的天体。三年后，在我们银河系的中心发现了人马座 A*，这是一个非常强大的，密集的无线电波源，通过世界上最大和最好的望远镜，由美国的安德烈·盖茨和德国的莱因哈德·根泽尔（均为 2020 年诺贝尔物理学奖得主）领导的两个研究小组研究它对邻近恒星的影响，并且发现它的质量是太阳的 400 万倍。

1984 年，物理学家罗纳德·德雷弗、雷纳·韦斯和基普·索恩设计了一个引力波探测器 LIGO。并且需要 1000 个人花费 30 年的时间合作来建造和升级这个探测器。当它在 2015 年 9 月 14 日发射时，探测到 13 亿年前由两个黑洞融合成一个旋转黑洞产生的引力波。数据分析耗时 5 个月，还有来自意大利、法国与 VIRGO 合作的数百名科学家参与。它一举证明黑洞、两个黑洞系统、黑洞融合和旋转黑洞的存在。但最重要的是，它证明了引力波的存在，这是广义相对论的最后一块拼图。而这一切都要归功于阿尔伯特·爱因斯坦不喜欢的天体，但毫无疑问，超大质量黑洞和视界的存在仍有待证明。

2017 年，随着原子钟的同步，世界各地的八个天文台联合起来，形成了一个与地球直径相等的虚拟望远镜——视界望远镜。其目的是生成黑洞的第一个图像。最初，他们计划研究人马座 A*，但最后他们决定研究 M87*，即位于 5350 万光年外的椭圆超巨星星系 Messier 87（或 M87，或室女座 A，或 NGC 4486……我想我不需要重复物理学家给出的名称）中心的超大质量黑洞。M87* 的质量是太阳的 65 亿倍。通过两年间 120 个小时的观察，他们收集了 10000 兆字节的数据，这些数据通过货船（没有其他方式）被送到两个研究中心，由现有的最强大的超级计算机进行分析。图像显示的是一个吸积盘，一个物质的吸积盘，主要是气体和灰尘落在视界上。在某种程度上，这已经过了不归点。从那里开始，我们看不到任何东西，但黑色略呈椭圆形那部分的事实告诉我们，这个黑洞正在自己旋转。该图像也再次证实了相对论。为了实现这一点，来自 40 个国家的数百名研究人员只有一个目标：将知识的门槛再提高一点，在 5000 亿千米之外观察到无法观察到的东西。

科学编织着它的网，拉着直到一分钟前还毫无关联的线。知识是由成千上万个人编织在一起的，他们做着渺小的事情，通常看似微不足道，但却在黑暗的道路上像星网一样点亮着微弱的光。这是一项漫长而无声的工作，一个世纪又一个世纪地证明了集体是如何超越个人的。即使是最伟大的天才，如果没有先驱者和后来者纠正他的错误，也会一事无成。每个人都站在过去的巨人或矮人的肩膀上，做出自己的贡献。最后，由于所有的错误，矮人和巨人，我们一起看得更远，超越地平线。所有事情都是如此。

卢卡·佩里（Luca Perri）

意大利国家天体物理研究所天体物理学家，米兰天文馆讲师。负责利用广播、电视、印刷出版物、文化节以及社交工具等媒体平台进行科普活动。与意大利广播电视公司Rai电视台第三频道"乞力马扎罗"栏目、广播电台第二频道、DJ电台、《24小时太阳报》电台、《共和报》、科普杂志《焦点》《焦点（青少年版）》、意大利伪科学声明调查委员会、热那亚科技节，以及贝加莫科技节等多家媒体、组织机构、平台均有合作。参与Rai电视台文化频道"超级夸克+"等节目的脚本撰写与主持工作。意大利德阿戈斯蒂尼学校（德阿戈斯蒂尼出版社下属教育机构）签约作家兼培训专员，与西罗尼出版社、德阿戈斯蒂尼出版社以及里佐利出版社等合作，出版有多部科普作品。其中，《太空谣言》一书获2019年意大利学生宇宙科普奖。

第一章

的 在
中 太
心 阳

46 亿年前，我们的恒星太阳诞生了，它是一个距离
我们 1.5 亿千米的黄矮星。它一直对人类有着神奇
的吸引力，从而诞生了各种故事、传说，最重要的
是，它引发了许多科学家正试图解答的谜题。

上图 这是从夏威夷群岛上的莫纳克亚山山顶看到的天空。肉眼来看，整个天空估计有7000颗星星是可见的。图片来源：沙恩·布莱克。

上页跨图 对古埃及人的太阳神 Ra 的描绘。

谁没有在晚上停下来欣赏过天空，在一个特别黑暗的地方，远离高楼大厦，沉醉于美丽的星空之中？荷兰著名画家文森特·凡高写道："我对一切都不确定，星空的样子让我无限遐想。"每当夜幕降临，我们的眼睛慢慢适应黑暗时，会被头顶上出现的无穷无尽的遥远的光束所吸引，这才是真正的梦。通过更仔细的观察，即使用肉眼，我们也可以很容易地注意到一些漫天星辰的有趣细节。

首先，天体并不都是一样的：其中一些比平均水平要亮，许多星星是点状的，而其他的在我们看来是天空中一小部分的弥散斑点。即使是第一次接触苍穹的孩子，也能轻易掌握星空不同组成部分之间的差异。然而，当我们试图定义和

分类恒星之间的区别时，我们被扔进了一个复杂而壮观的现实中，在这个现实中，调节自然的物理机制、宇宙中物体的属性以及将它们分开的巨大距离都会以最闪耀的方式得以显现。

让我们举一个具体的例子：如果我们看向天空的南部，在一年中的某些时候，我们可以看到非常明亮的天体。它们在众多星星中非常突出，而且在城市中也可以看到。这些天体似乎发出稳定的光，而其他天体的特点是带有或多或少的强烈闪烁，被亲切地称为"闪闪发光"。观察它们几个星期，人们还会注意到它们与背景星体的位置变化，就像它们在天空中"游荡"一样。希腊人称它们为"行星"，来自 πλάνητες ἀστέρες，即 planetes asteres，意思是"游荡的星星"，正是为了将它们与所谓的恒星区分开来，恒星被认为是固定的。今天我们知道，肉眼可见的行星与恒星毫无关系，它们是属于我们的宇宙

下图 欧洲航天局超大型望远镜从智利阿塔卡马沙漠观测到的银河系中心区的恒星。图片来源：欧洲航天局 /S。

右图 猎户座的红色超巨星贝特宙斯星的表面图像，是已知的最大的恒星之一，是由阿塔卡马大型毫米波阵列（ALMA）射电望远镜所拍摄。要获得太阳以外的恒星盘的图像是非常困难的，因为它们的距离即使在最强大的望远镜中也是不清晰的。图片来源：阿塔卡玛大型毫米波天线阵（欧洲南方天文台 / 日本国立天文台 / 美国国家射电天文台）/E，O'Gorman/P. Kervella，Gillessen 等。

为什么星光会闪烁？

当光线进入地球的大气层时，光线会被其所经过的各层的湍流轻微地改变，从而形成星星特有的闪光。从地球上观察一个天体就像在小溪底部观察一枚硬币，用这种方式观测行星，效果不太明显，因为它们比恒星近得多，不会出现完全的点状，而是显示出一个小圆盘，尽管肉眼无法察觉。由于这个原因，闪烁的程度便被大大削弱了。

家园太阳系的天体。地球本身是八颗行星中的一颗，与一大批较小的天体一起，围绕着迄今为止离我们最近的恒星太阳运行。

与天空的其他部分相比，行星的亮度显然非常高（至少在某些时候），这是因为从天文学的角度来看，这些天体基本上是"在角落里"。尽管即使是离地球最近的行星也有几千万千米远，远远超出了人类的范围，但我们与恒星之间的距离却完全不同：在最好的情况下，我们谈论的也是几百万亿千米。

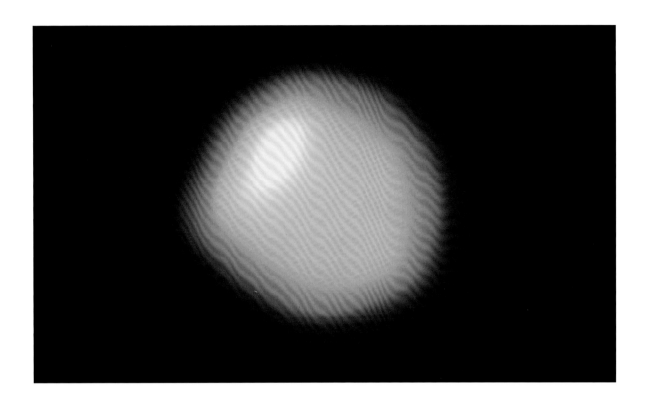

恒星的尺寸！

　　为了估计和描述恒星的距离，人们使用了与我们习惯不同的测量单位，在提到如此大的尺度时，当然比千米更合适。我们经常听到光年，这是一种"空间米"，用来确定一束光在真空中一年所走过的距离，相当于大约一万亿千米。在科学界，秒差距，相当于 3.26 光年，是根据三角视差定义的。它也是天文学家用来计算与太阳系中最近的恒星的距离的几何方法之一，至今它都被广泛使用。

　　属于半人马座阿尔法星系的半人马座距离我们有 4.24 光年，而肉眼可见的最遥远的恒星可以达到几千光年。在这一点上，我们不应该惊讶于恒星在夜间看起来像微弱的光点，比行星的光要弱得多。尽管它们有着难以想象的距离，但我们仍能看到它们，这让我们意识到我们所面对的是多么巨大的天体。当然，由于距离的原因研究这些天体并不容易，特别是在其尺寸和组成的估量，以及其背后的物理现象方面。靠近我们晚上在天空中看到的一颗星星是不可想象的。目前的探测器要花几十万年的时间才能到达最近的恒星。然而，幸运的是，对于科学家（以及我们的星球）来说，有这样一个天体是"触手可及的"，它就是天文学中的太阳。

　　太阳距离地球有 1.5 亿千米，是地球上生物过程的主要能量来源，实际上也是我们星球上的生命得以存在的基本引擎。其相对接近的距离使我们能够通过地面上的仪器和发射到太空中的探测器对它进行详细分析，以了解它是如何运转的，并将它与遥远的恒星进行比较。

　　当我们看着天空中这个灿烂明亮的球体时，首先让我们想到的是它的亮度。当我们还是孩子时，我

从意大利看星空

　　从瓦莱达奥斯塔自治区的天文台看到的星空。观测站所在的圣巴泰勒米山谷最近获得了国际星光恒星公园奖，因为它拥有最佳的天空黑暗观测条件。

● 图片来源：OAVDA。

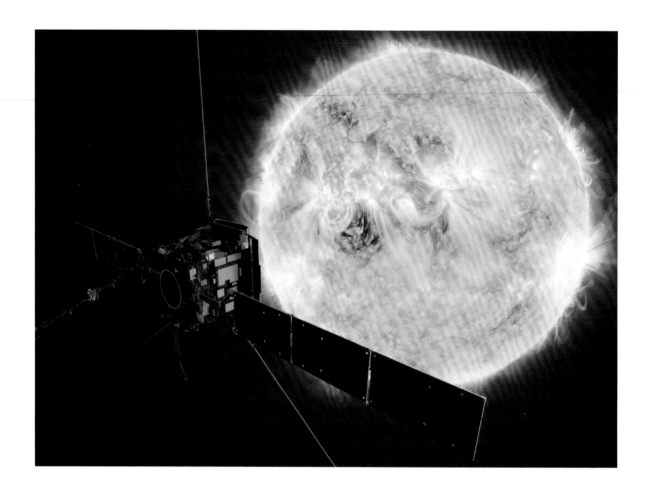

们就被建议不要用肉眼直视太阳，更不要用双筒望远镜看太阳，因为这可能导致严重的眼睛问题。事实上，我们的恒星能释放出大量的能量：它在我们星球的上层大气中每平方米平均辐射出 1300 多瓦的能量。如果我们能够利用来自太阳的所有能量，一个 3 英尺宽的正方形就足够给一个家庭供电了。恒星的另一个特点是它的大小与地球不成比例。为了匹配太阳的体积，我们不得不把 130 多万个像我们这个蓝色小行星（地球）一样的天体组合在一起。

太阳的质量也很大，是地球的 33 万倍。尽管如此，太阳还是被天文学家归类为"矮星"。在宇宙中，即使在我们用肉眼看到的一小部分空间中，也有一些恒星的直径可以达到"小"太阳的成百上千倍。

等离子体

在这一点上，我们很自然地想知道太阳是由什么物质构成的，它的结构是否与所有其他恒星的结构或多或少有些相似。即使在今天，特别是在儿童读物中，我们也经常可以看到这样的话语："太阳和其他恒星是巨大的火球。"任何天文学家在看到这句话后，都会建议父母或老师在面对类似蠢话时直接撕

拓展阅读
通往太阳的太空探测器

欧洲航天局（ESA）和美国国家航空航天局(NASA)于 1995 年合作发射的太阳能和日光层天文台(SOHO)是世界上最重要的太阳观测太空望远镜之一。该探测器仍在实时收集有关太阳的信息和数据，为所有人提供可访问的和在网上能看到的精美图像。最近的一次是在 2020 年 2 月 10 日，一颗新的欧洲航天局太阳轨道飞行器被送入太空，它将以前所未有的水平研究太阳，特别是其外部区域。进入围绕这颗恒星的非常紧密的轨道，太阳轨道飞行器将能够接近距离太阳表面 4200 万千米的地方，这比水星还要近。在探测器上的九个科学仪器中，意大利的一个主要贡献是 METIS 日冕仪，在意大利航天局的支持下，它由意大利国家天体物理研究所开发。该仪器将观测日冕，即太阳大气的最外层。为了研究太阳风的起源和该区域磁场的演变，这一层的特点是极度稀薄的热气。

掉这一页。也许没有什么比"火球"更糟糕的说法了。我们共同的想象力和感官经验使我们把发热、发光的物体，即发出可见光的物体，与火焰联系在一起。但是火是燃烧，也就是一种化学反应。在这种反应中，木材或汽油这类燃料在遇到组合物（也就是空气中的氧气）时为了释放能量发生反应。拿一个点燃的蜡烛，把它放在玻璃罩下面：一旦氧气耗尽，蜡烛就会熄灭。在我们的大气层之外，在星际空间，原子和分子是极其稀少的，我们将在接下来的章节中看到这一点，而且以任何方式它们都不可能燃烧。在太阳中，氧气只占很小的比例，不到恒星质量的 1%，太小了，不足以产生我们在地球上所知的火。

太阳和星星比火要热得多：它们是巨大的发光气体球，主要由元素周期表的第一个元素即宇宙中最丰富的元素氢和氦组成。氦是气球用来飞行的气体，因为它的平均密度低于空气。正如我们将在后面更详细地看到的，除了这两种最丰富的元素外，我们还可以或多或少地在恒星中找到元素周期表上的所有其他元素，但总的来说，与氢和氦相比，数量极少。准确地说，甚至"气体"一词也不是定义恒星内部化学元素所处状态的最合适的术语。为了弄清楚这些天体到底是什么样子的，我们需要暂时抛开天体不成比例的大小，潜入无限小的世界。普通物质的主要构成部分，即原子，又可以细分为其他基本组成部分：带正电荷的质子、电中性的中子和带负电荷的电子。前两者的质量更大，被称为"核子"，因为它们是原子核的组成部分，而电子分布在原子核周围的稳定轨

地球

道上。在一个非常简化的观点中，我们可以把原子想象成微观的太阳系，总体上是中性的。换句话说，质子和电子之间的电荷是平衡的，总和为零。在地球上，我们习惯于看到物质的三种聚集状态：液体和气态，它们取决于周围环境的温度和压强。然而，通过大量加热气体或将其置于外部媒介，如强磁场中，有可能产生第四种物质状态：一种气体电离的情况，即一些电子与原子分离并自行离开。然后这些原子就会留下过量的正电荷，成为正离子。这种处于混乱运动中的离子和电子的混合物被称为"等离子体"，在我们星球的自然界中相当罕见，但它存在于闪电、北极光和广告牌上的霓虹灯中。然而，在太阳中，条件是如此极端，以至于物质仍然以非常热的等离子体形式存在，其中心区域的温度可以轻松达到几千万摄氏度。

研究附近的恒星：太阳

现在我们已经（或多或少）弄清楚了什么是恒星，让我们把注意力集中在太阳上，它是我们非常卓越的研究样本。自古以来，太阳系中心的这颗恒星在许多的文化中发挥了重要作用，无论是从社会还是宗教的角度来看都是如此。它与生命和光的概念有关，太阳在一些文化中被当作神灵来崇拜。例如，古埃及将太阳盘及其在天空中的明显路径与不同版本的太阳神联系起来，太阳神是

拓展阅读
氦元素的发现

在地球上检测到氦元素之前，人们通过分析恒星的光线来观察它。在 1868 年 8 月 18 日的日全食期间，法国天文学家皮埃尔·朱尔·塞萨尔·扬森和英国的诺曼·洛克耶独立研究了太阳表面发射的辐射光谱（即能量分布），并探测到一种新的化学元素的存在，这种元素以前从未被发现过。扬森提议将其命名为"氦"，以呼应希腊太阳神赫利俄斯的名字。

右图 皮埃尔·朱尔·塞萨尔·扬森（1824—1907）。

埃及万神殿中最强大的存在，是创造之主，是能量和繁荣的象征。根据传统，我们的星星是由一辆战车运送的，这辆战车在黎明时分从海中升起，由四匹从鼻孔中喷出火焰的马拉着，在日落时分跳入地平线。

　　直到 16 世纪，在尼古拉斯·哥白尼发起的日心主义革命之前，在伽利略的《关于两种主要世界体系的对话》之后，描述恒星运动的最广泛接受的理论是托勒密的地心说模型。根据这种观点，太阳被认为是一颗行星（在"游荡的星星"的意义上），它与其他体积小的行星一样的，围绕静止在宇宙中心的地球运行。后来，随着科学知识的进步和技术的发展，人们意识到太阳并不是一颗行星，而是与

左图 太阳轨道飞行器于 2020 年 6 月 18 日拍摄的太阳图像。这张照片显示了恒星在可见范围内发出的光，即我们用眼睛能感知到的那部分辐射。没有斑点，因为当时的太阳正处于活动的低点。图片来源：太阳轨道飞行器 / PHI 团队 / 美国国家航空航天局和欧洲航天局。

下图：空间中的原子表示。

夜空中成千上万个其他亮点相似。从天体物理学的角度来看，太阳被归类为黄矮星，形成于大约 46 亿年前，平均表面温度为 5500℃，是一个接近完美的等离子体球体。赤道直径约为 13.95 亿千米，是我们地球直径的 109 倍；在两极的直径只有 10 千米。像地球一样，太阳也是自转的，但由于它是一个不断运动和搅拌的气体球，其外层的旋转不是均匀的，而是有差异的，即不同部分以不同的速度旋转。因此，在赤道上 25.6 天就能完成一圈，而在两极物质的运动速度更慢，差不多 33 天才能完成一圈。

一个原子有多大

　　原子是以质子、电子和中子的数量来区分的。最简单的元素氢由一个质子和一个电子组成，而更复杂的原子可以有数百个原子核。它们的大小是可变的，通常很难测量，因为原子没有明确的边界。然而，一般来说，物质的基本组成部分是几百皮米的量级，或不到一百万分之一毫米的量级。然而，最令人惊讶的是，原子基本上是由空的空间组成的。回到氢原子，如果原子核有网球那么大，放在甲级联赛足球场的中心，那么我们可能找到电子的第一个轨道就会与最外侧的看台重合！

如前所述，构成太阳的主要元素是氢，占其总质量的 73.45%，其次是氦（24.85%），氧、碳和较多的元素占其余 1.7%。太阳的总质量为 19880 亿兆公斤；如果我们设想将太阳系的八颗行星、五颗矮行星、所有的小行星和彗星压缩在一起，然后将这个巨大的星团和太阳进行比较，我们将得出只占太阳质量的 0.1% 的结果。换句话说，太阳无疑是我们"宇宙宫殿"中的重中之重。

但为什么构成太阳的物质处于非常热的等离子体状态呢？在接下来的章节中，我们将研究使恒星能够发出令人难以置信的能量的机制，这是恒星的特点。目前，我们只需知道这些天体，包括太阳，作为巨大的核聚变发电厂发挥作用就足够了。更准确地说，在我们恒星的内部区域，温度达到 1570 万摄氏度，每秒钟大约有 6 亿吨的氢通过核聚变转化为氦。这是一个极富能量的现象，它平衡了太阳质量所产生的巨大引力，从而使我们的恒星保持平衡状态。正是核聚变过程所释放的能量对气体进行加热和电离，使其保持在发光的等离子体形态。

原子核是为我们的恒星提供动力的核聚变反应的场所，是迄今为止太阳密度最大的地方：比太阳中心的水密度大 150 倍。核心从中心延伸到太阳半径的四分之一，产生 99% 的能量。然后能量被辐射到围绕核心的各层，在一个延伸到太阳半径 70% 的区域，被称为辐射区。在这里，光被电离的等离子体不断吸收和发射，平均需要几十万年才能达到辐射区的极限。这意味着我们今天在享受晒太阳时看到的

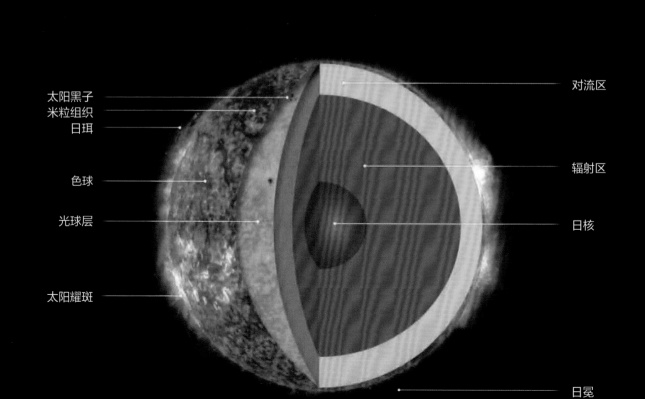

太阳黑子
米粒组织
日珥
色球
光球层
太阳耀斑

对流区
辐射区
日核
日冕

大量的能量……但被很好地稀释了！

太阳的核心每秒钟发射 910 亿兆吨的能量，比人类建造的最强大的核装置的能量还要多 20 亿倍。然而，所产生的能量分布在一个非常大的体积上。最精确的原子核模型预测，每立方米的输出功率为 276 瓦，刚好够为几台液晶电视供电。

光线是由几十万年前在太阳核心发生的过程产生的（但随后从太阳表面出现，只花了 8 分钟就到达地球）。当我们向辐射区的边缘移动时，密度下降了 100 倍，温度逐渐下降到 200 万摄氏度，原子核和辐射区占恒星总质量的 97%。我们现在距离中心大约 50 万千米，事情开始变得更加"动荡"，在最真实的意义上。我们现在处于对流区，这个区域的温度低到足以让原子保留大部分电子。因此，这个区域的气体只是部分电离，而且更加稀薄。能量不再通过光辐射来传输，而是通过物质的持续搅拌来传输：密度比其他地方小的热气上升到表面，其现象类似于沸水。唯一的实质性区别是时间要长得多：炽热物质的气泡需要 30 到 40 天才能穿过对流区，到达恒星的表面，它们在那里停留了几十分钟才消散。

在辐射区和对流区之间有一个薄薄的分离面，叫作"速度梯度"，这个词来源于希腊语，字面意思是"速度梯度"。它是由天体物理学家爱德华·亚历山大·斯皮格尔和让·保罗·扎恩创造的，他们在 1992 年首次提出了太阳内部结构中存在这一层的理论。根据这两位科学家的说法，转速线负责恒星的强磁场和恒星表面的相关现象的内在机制。事实上，虽然辐射区多或少地表现为一个单一的区块，每个点在离中心相同的距离以相同的速度旋转，对流区的特点是我们上面提到的差动旋转现象。恒星结构的这种相当明显的变化在过渡表面产生了一种摩擦，各层像一个巨大的发电机一样相互滑动着。

然而，最近的一些研究表明，转速器并不是产生太阳磁场的一个不可或缺的组成成分。英国基尔大学的 Nicholas J. Wright 和美国剑桥哈佛史密森天体物理学中心的 Jeremy J. Drake 在 2016 年发表的一篇论文，将没有辐射的区域（因此也没有转速线）的恒星与太阳进行比较，显示它们的磁场行为是相似的。该研究的作者指出，太阳磁力活动的基础过程可能几乎完全是由对流区引起的。

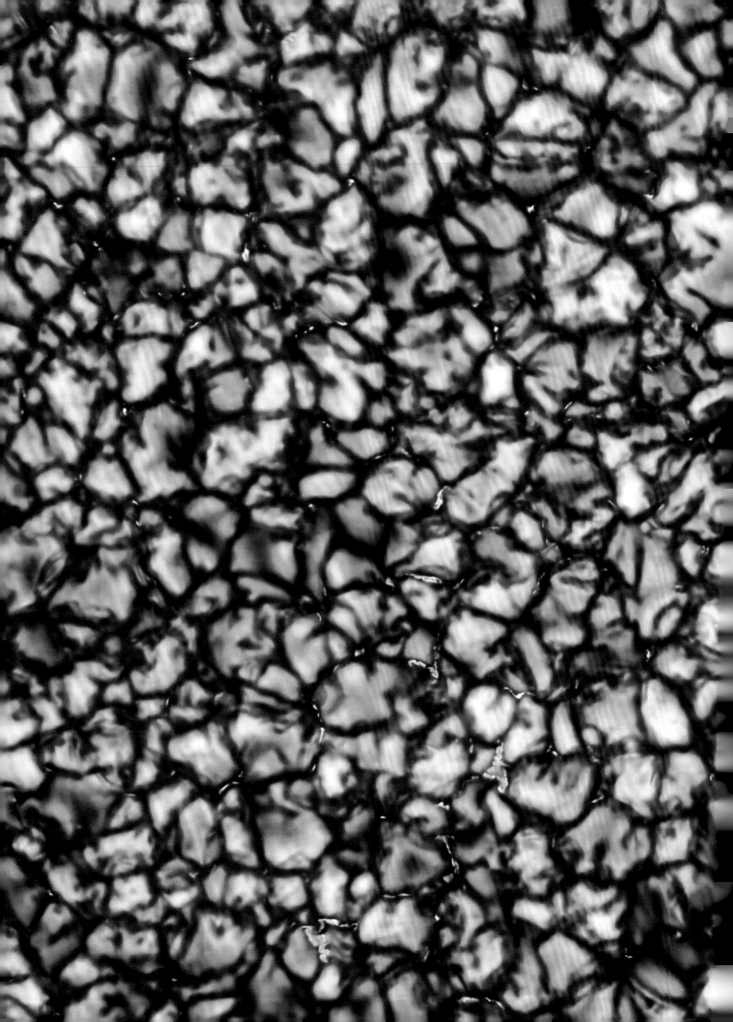

特写视图

　　它看起来像一件抽象的艺术作品，但它是迄今为止太阳光球分辨率最高的图像。

　　这张照片是由 Daniel K. Inouye 太阳望远镜（DKIST）拍摄的，它是有史以来最大的太阳望远镜，位于夏威夷茂宜岛的哈雷阿卡拉天文台。该仪器的孔径为 4 米，使人能够细致观察到太阳表面上前所未见的颗粒化现象。

● 图片来源：美国国家太阳天文台 / 美国自然科学基金会 / 大学天文研究协会。

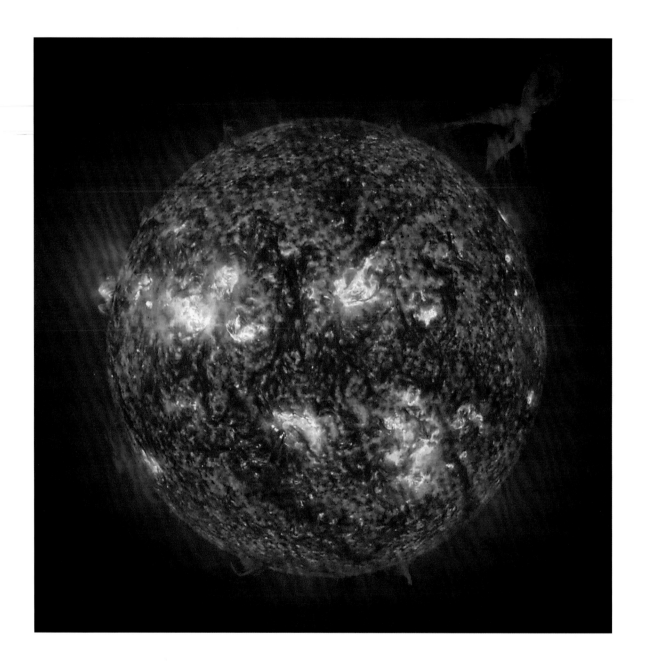

太阳表面的四层

我们现在来到了可以称之为恒星表面的地方：可以直接观察到的第一层，光辐射可以从这里自由穿过太阳的大气层。温度下降了500倍，达到了太阳表面特征的5500摄氏度。另外，其密度也进一步降低，达到每立方米0.2克，比海平面的空气密度低6000倍。

太阳的特点是其颗粒状的外观：其表面布满了平均直径为几千千米的结构，被称为颗粒。这些实际上是在对流区产生的物质的气泡，在光层中形成。由于太阳强烈的磁力活动，在光球层的一些区域

拓展阅读
日冕元素

在 19 世纪，对日冕发出的光谱的研究发现存在一种神秘的绿色辐射。与氦一样，这一发现被归结为存在一种以前从未在地球上观察到的新元素，它被命名为"日冕元素"。后来人们才意识到，这种光的发射是由铁产生的，但其电离程度是当时的仪器无法在我们的星球上再现的。

可以形成能量团，而热量无法传输到表面；温度下降到 4000 摄氏度左右，这些区域在我们看来是黑点，与太阳圆盘的其他部分形成鲜明对比。这些是著名的太阳黑子。

任何用小型望远镜观察过太阳的人肯定会注意到，斑点的数量并不总是相同，而是随着时间的推移周期性地减少和增加，循环一个周期，持续约 11 年。这种规律是由于太阳磁场的不断变化，不断波动和自找重置的结果。在太阳的最大活动期，光球层的斑点看起来更丰富，表面显示出各种壮观的现象，如丝状物和突起物：从表面向太阳大气层外部延伸的巨大弧形炽热物质。在某些情况下，与磁场线的突然重新排列相对应，这些区域中所包含的能量会以极端暴力的方式释放出来，导致物质的突然喷射，从光球层中爆发出来并延伸到太空中，同时亮度也会强烈增加，这被称为耀斑。

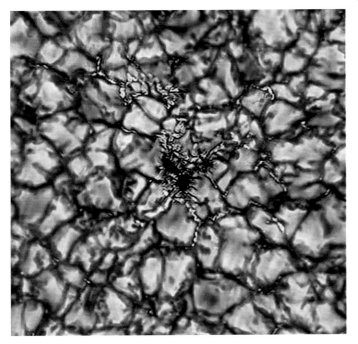

表面外面是太阳的大气层，这是一个由非常稀薄的气体组成的巨大区域，在日全食期间，当太阳被月球遮挡时，肉眼可以看到其中的一部分。在光层上方，海拔约 500 千米，温度最低约 3800 摄氏度。继续向外，我们发现自己处于一个厚达 2000 千米的层，名为色球（来自希腊语的"彩色球体"），其特点是密度下降，温度反而上升，达到 20000 摄氏度，并再一次电离了部分气体。在这一点上，我们遇到了一个薄薄的过渡表面，在几百千米的范围内，温度上升到几百万摄氏度，太阳大气的主要部分从日冕开始，它在太空中延伸了数百万英里。日冕的特点是高度电离的气体，比光球表面的温度高几百倍，稀薄程度高达十亿分之一。导致日冕温度非常高的机制尚不清楚。一些理论认为，等离子体可能是由太阳磁场引起的来自光球层的气体波动加热的。

下图 1999 年 8 月 11 日日全食期间拍摄的日冕图片，从欧洲可以看到。图片来源：欧洲南方天文台。

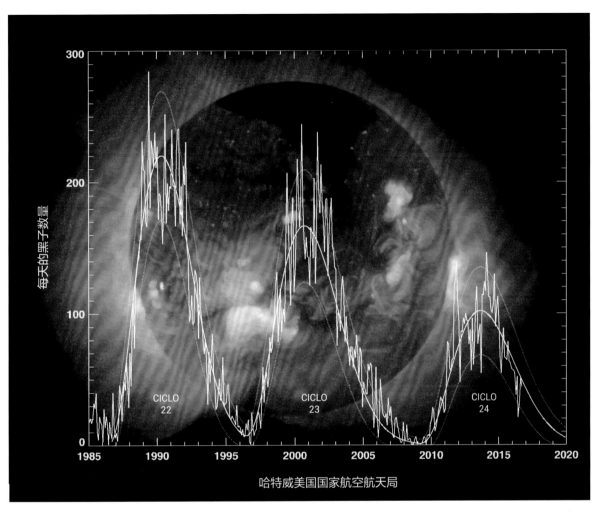

上图 根据太阳上的斑点，可以直观地看到太阳活动的周期。这张图展示了太阳的最后三个周期。图片来源：大卫·海瑟薇／美国国家航空航天局／马歇尔太空飞行中心。

　　日冕具有上百万度高温导致膨胀，其中物质不断地向太空发出连续微粒辐射，一般称为太阳风。太阳风的影响区绵延数十亿千米，被称为日光层，日光层也称为太阳风层。 事实上，它的形状根本不是球形的。但它更像是一颗彗星，一边是扁平的，另一边是长长的尾巴。日光层的边界是日光顶，在这里太阳风的密度变得与星际物质的密度相等。我们可以将这一边界视为太阳系的边界，迄今只有两个探测器到达：旅行者 1 号，在 2012 年越过了日光顶；旅行者 2 号，在 2018 年越过了开放空间的门槛。

　　就在人类发明了探测器这些能够离开我们星球最远的物体后，我们可以开始观察遥远的恒星。在探索了太阳的内部之后，现在是时候问问我们自己与天空中其他可见恒星的共同特征和差异是什么。

极地极光

　　由于强烈的太阳耀斑，日冕可以以每小时 2000 千米的速度将大量电离等离子体送入太空。这些巨大的日冕物质抛射物，含有超高能量的带电粒子。在某些情况下，它们会到达地球，并被我们星球的磁场所偏转。然而，它们在极地地区可以接近地球表面。极地极光是由这些粒子与地球大气层上层的原子相互作用而产生的光辐射。

● 图片来源：Pixnio。

星际间的气体和尘埃：恒星诞生的地方

星云是由尘埃和稀薄气体组成的巨大团块，它们有着令人难以置信的色彩，令人着迷，令人回味，令人心神向往。它们是恒星的发源地，可以被定义为真正的"恒星的家园"。

上图 黄道光照亮了欧洲南方天文台超大型望远镜上方的天空。它是由分散在太阳系行星轨道上的尘埃产生的，这些尘埃传播着我们恒星的光。图片来源：欧洲南方天文台 / Y. 贝利茨基。

上一页图 从智利的阿塔卡马沙漠海拔约 3500 米处看到的银河系。肉眼可见的恒星在不同的年龄和不同的进化阶段。图片来源：欧洲南方天文台 /S. 吉萨德。

黄道十二宫的光

在春天的傍晚时分和秋天的黎明前，我们可以在天空中观察到微弱的漫射光，在没有月亮的晴朗的夜晚几乎无法察觉。这种微弱的光芒在太阳升起或落下的方向的黄道带中延伸，因此被称为"黄道光"。这种现象是由于位于太阳系行星平面上的尘埃云的存在而产生的，也就是黄道面，它将太阳的光线散射到周围的空间，便产生了这种微妙而独特的光芒。

太阳和天空中可见的其他恒星只是一个大的系统中的一小部分，银河系是一个包含多达 4000 亿个天体的集合体，它是一个能让人联想到巨大风车的条状螺旋星系。从中心区（即"隆起的部分"）分出的几条螺旋臂，以盘状结构缠绕着它，绵延超过 10 万光年。在银河系里面，除了恒星和行星之外，我们还能发现大量我们不熟悉的奇怪物体（其中一些将在本书的最后几章中介绍），以及以气体和尘埃形式散布在各处的大量物质等。

星际介质

想象一下，我们突然被空降到太阳系外的寒冷星际空间。温度仅仅比绝对零度高 2 摄氏度，即 −271.15℃，而我们发现自己飘浮在恒星之间无边的黑暗中。我们的周围会有什么？如果你们想到的是真空，那就意味着完全没有任何类型的粒子，你们必须再思考一下，恒星之间的空间实际上被一种极其稀薄的物质的微弱混合物所"填充"，它向每个方向延伸，被称为"星际介质"。它的密度在银河系的不同区域有所不同，但平均每立方厘米大约有几个原子。为了了解这种物质密度是多么短暂，只要知道在我们呼吸的一立方厘米的空气中，有大约 100 亿亿个粒子就足够了。

左图 从克鲁格国家公园看到的非洲天空中壮观的日落。图片来源：斯蒂芬·卢。

拓展阅读
为什么夕阳是红色的？

关于大气现象最常被问到的问题之一就是日出和日落时天空和太阳的颜色。是什么导致了一天开始和结束时光线的颜色变化？这个问题一点也不简单，因为它涉及一些非常有趣的物理概念，我们在星际介质的运作机制中发现了这些概念。当来自太阳（或任何其他天体）的光穿过地球的大气层时，它通过与空气层中的颗粒，主要是氮气颗粒的相互作用而被散射。

散射取决于到达的辐射的颜色，它对紫光、蓝光和绿光最为有效，而黄光或红光几乎可以不受干扰地穿过大气层。然而，当太阳在地平线上的位置较低时，光辐射所经过的空气厚度要大得多，黄光也会被散射，使太阳盘和天空呈现出特有的红橙色调。

星际介质几乎完全由氢组成，在 70% 到 80% 之间，其余部分由氦组成，还有一些较多的微量元素。这种物质的 99% 以上是气体形式，呈中性或离子化；剩下的部分主要由尘埃组成，尽管它们的种类与我们发现的潜伏在我们房屋角落的尘埃不同。这些碎片大小为几微米（百万分之一米），形状不规则，主要由硅酸盐、水冰和碳组成。尘埃倾向于吸收和散射银河系中发光体发出的部分辐射，这种机制与地球大气层中的阳光散射并无太大区别，后者使天空呈现出经典的蓝色。尘埃的大小有利于蓝光的散射，而不是红光的散射，这就导致来自遥远的恒星的辐射会变暗和变红。在某些情况下，尘埃云可以完全阻挡光线的通过，从我们的视线中遮挡住它们后面的光源。

星云——天空中的奇迹

在一些空间区域，星际介质的密度较大，气体和尘埃的浓度可能比平均水平要高得多，达到每立方厘米数百或数千（甚至是数万）个原子。这些空间区域是

上图 老鹰星云，位于蛇夫座，是一个大型的 H Ⅱ 区域，估计其质量约为我们太阳的 12500 倍。它距地球约 5700 光年。图片来源：欧洲南方天文台。

天空中最美丽和最壮观的天体之一，被称为"星云"。然而，与我们习惯的情况相比，这些物质的密度极低。星云中的物质实际上比我们在实验室中制造的深空还要稀薄。然而，这些集聚体非常大，作为一个整体，它们所包含的质量是巨大的。以猎户座星云为例，作为被研究的最多的著名星云之一，即使在冬季的夜晚，肉眼也能看到神话中的巨大猎户座的闪亮光芒。在没有仪器的帮助下，我们能看到的只是星云的中心区域，其特点是亮度较高，在勾勒出巨人腰带的恒星下显示为一个微弱的光斑。如果我们能够观察到它的所有延伸部分，这个星云将占据天空中两倍满月的宽度，考虑到它所处的巨大距离，也就是大约 1350 光年，很容易明白我们看到的是一个非常大的结构。

　　事实上，猎户座星云的真实直径估计超过 24 光年，是太阳和海王星（太阳系中最遥远的行星）之间距离的 2000 多倍。这么大的体积包含了数千倍于我们恒星的质量，尽管气体的密度很低。猎户座的具体情况，估计质量约为太阳的 2000 倍。而更大的天体，如蛇夫座的鹰状星云，可以超过 10000 个太阳的质量。然而，其中最伟大的无疑是大麦哲伦星云中的塔兰图拉毒蛛星云，它是银河系的一个卫星星系。

塔兰图拉毒蛛星云的直径超过 550 光年，质量相当于太阳的 100 万倍，它是与我们的星系接近的已知的最大的星云。

浏览一本天文学书籍或网上照片时，深浅程度不同的颜色独一无二，它们闪耀着光芒，或者它们在明亮的背景下像黑烟一样引人注目。它们值得我们花一些时间来分析这些空间中物质分布背后的物理机制。为了做到这一点，让我们始终以猎户座星云为参照物：即使使用小型望远镜，在气体云中也有可能看到一个由非常小的恒星组成的小型星团，它被称为梯形星团。这并不是偶然的，因为星云实

拓展阅读
银河系星云！

最初，"星云"一词被用来描述任何肉眼或通过望远镜可以看到的天文物体，这些物体在天空中并不像恒星那样呈点状，而是呈弥漫状；曾几何时，我们现在所说的星系也被归为星云。由于无法分辨天空中这些奇怪"斑点"的细节，科学家们认为一些最著名的螺旋星系，如仙女座星系或三角星系，是一堆简单的气体与尘埃。因此，它们被称为螺旋状星云。直到 20 世纪 30 年代，人们才弄清楚这些天体的真实性质、大小以及它们与我们之间的真实距离。而且最重要的是，这涉及银河系以外的物体。

下图 仙女座星系。正是通过测量它的距离，人们意识到"螺旋状星云"是银河系以外的天体。图片来源：洛伦佐·科雷利。

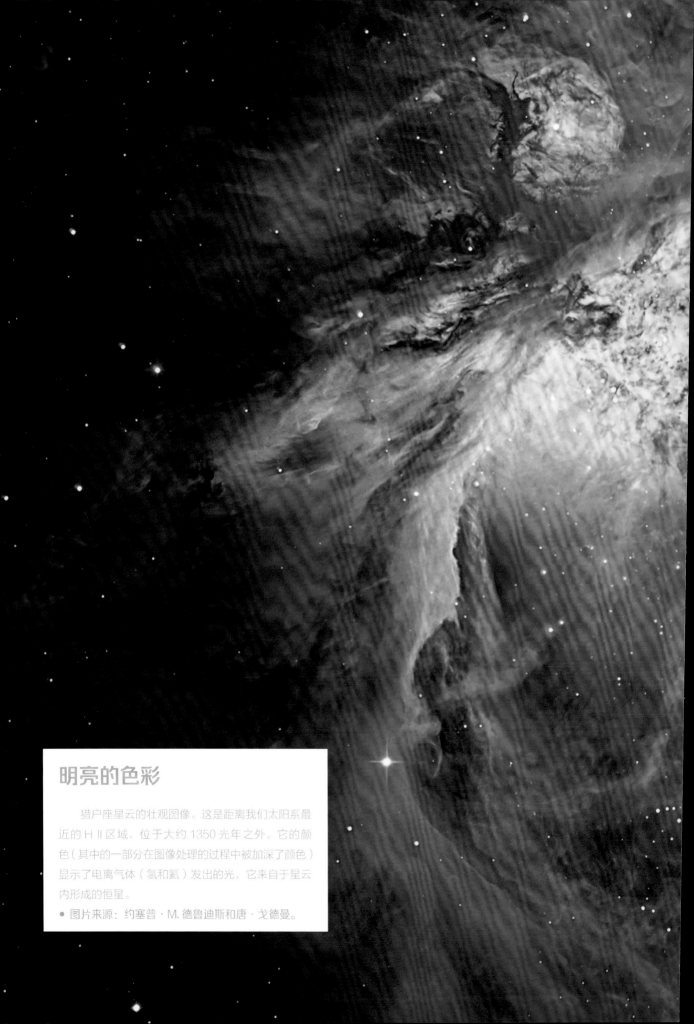

明亮的色彩

猎户座星云的壮观图像。这是距离我们太阳系最近的 H II 区域，位于大约 1350 光年之外。它的颜色（其中的一部分在图像处理的过程中被加深了颜色）显示了电离气体（氢和氦）发出的光，它来自于星云内形成的恒星。

● 图片来源：约塞普·M.德鲁迪斯和唐·戈德曼。

上图　M33，三角星系，距离地球约 270 万光年，是附近最大的星系之一，包含非常多的 H II 区域，新的恒星正在该星系形成。图片来源：美国国家航空航天局／欧洲航天局／M。杜宾，J.达尔顿和 B.F. 威廉姆斯（华盛顿大学）。

右图　M78 星云内的新生恒星发出的辐射不足以使气体电离，而是被尘埃粒子散射开来。特别是对蓝光的散射影响最为有效，使星云染上了美丽的蓝色光芒。图片来源：欧洲南方天文台／伊戈尔·谢卡林。

际上是宇宙恒星被创造的地方，它们是宇宙历史的重要组成部分。在猎户座星云中，来自这些新生恒星的光线被辐射出来，加热了气体，使其从高于绝对零度的几摄氏度上升到大约 1 万摄氏度的温度，在这个温度下，一些电子与其原子分离。这个过程扩散到整个星云，电离的物质（主要是氢）发出光辐射，大部分是红色的。这就形成了所谓的 H II（读作"第二 H"）区域的星云，它是一种可以发出辐射的星云。

在一些尘埃浓度较高的地区，来自星云内部形成的恒星的光线会被星际尘埃颗粒散射开来。在这种情况下，尘埃粒子不会发出可见的辐射，而只是"分配"由恒星产生的辐射：这便谈到了反射星云。

如果附近活跃的恒星数量不多，在星际云最密集和最冷的区域附近，尘埃颗粒可以完全熄灭可见光。因此，在天空中我们可以看到迷人的黑暗区域，这些区域具有不规则的轮廓和形状，被称为黑暗星云。其中最著名的是马头星云，这是一个由尘埃和气体构成的巨大丝状体，从距离地球 1400 光年的较大区域发展而来。在它后面明亮的发射星云的对比下，人们可以清楚地看到它；它是一个宽 3.5 光年的天体，质量大约是太阳的 27 倍。马头星云是由苏格兰的天文

学家威廉米纳·弗莱明在 1888 年发现的，也位于猎户座。根据理论，这个星云还代表着这一进程的早期阶段将导致新恒星的诞生。

在两个竞争者之间取得平衡

正如我们所看到的，星云本质上是分布在太空中的巨大的气体团块。为了了解恒星是如何在这些区域内形成的，我们必须首先了解气体的物理特性，并分析当我们观察星际云时有哪些力量在发挥作用。

在学校里，我们了解到气体既没有自己的形状也没有自己的体积，而是倾向于通过占据包含它的容器的整个体积来分布。事实上，没有明确定义的形状通常适用于任何流体状态的材料，即液体和空气形式。例如，假设我们在一个小花瓶里装满水，液体不会只集中在花瓶的一部分，而是倾向于占据整个花瓶本身，均匀地占据所有可用空间。同样的道理也适用于一个充满蒸汽的封闭烧瓶。然而，在这种情况下，有一个实质性的区别，花瓶中的水的颗粒充分紧密地结合在一起，这样保持所有水在花瓶内。换句话说，我们不会看到液体在没有外部"刺激"的情况下自行溢出，就像偶然撞击容器一样。另一方面，如果我们把蒸气瓶的盖子打开，气体就不会停留在烧瓶里，而是散开，扩散到整个房间当中。

液体猫咪

2017 年，法国物理学家马克·安托万·法丁 (mark - antoine Fardin) 的研究解决了一个棘手的问题，它涉及我们最爱的宠物之一猫是如何潜入我们家的每个小角落的？在一篇题为《论猫的流变学》的文章中，法丁从流体力学的角度研究了这些聪明的猫科动物，其方式与研究星云相似，他指出在某些情况下，它们的行为就像流体一样。猫在经过某种被称为"放松时间"的时间之后，往往会呈现出它们所在容器的形状。这项有趣的研究如今为法丁赢得了相当重要的认可，也就是伊格诺贝尔物理学奖，相当于最著名的诺贝尔奖，每年颁发给那些看似离奇和奇妙的研究，但正如该奖的创建者所指出的，"这些研究起初让你觉得很好笑，但随后却让你思考"。

一公斤的星云

星云的质量非常高，因为它们在太空中有巨大的延伸，气体分布在非常大的距离上，密度非常低，大约为每立方米几十亿分之一公斤。这意味着，一个体积相当于地球的星云只有几公斤重！

同样，我们可能会问，为什么构成星云的极度稀薄的气体不会扩散到空间当中？是什么机制可以让星际物质的聚集体保持"在一起"的状态？答案在于支配整个宇宙进化的最重要的力量——引力。同样的道理也适用于太阳系的行星，月球围绕地球的运动，以及宇宙中星系的运动。当然，构成星云的单个粒子受到的引力几乎可以忽略不计，几乎为零。但是云团中所包含的质量足以在所有原子之间产生一种整体力量，从而防止气体物质的分散。

然而，这个问题还没有结束。除了重力之外，还有另一个基本的物理量需要考虑，不仅是在星云的情况下，也在我们谈到流体的时候泛泛地谈及。这是发生在粒子之间的所有微观相互作用的结果，从宏观上看，我们把流体对压缩的阻力定义为压力。这个概念的一个非常实用的例子是用一个装有活塞的泵给自行车轮子充气。当我们将气体泵入内胎时，在有限的体积内，气体将变得越来越压缩，并开始向外"推"，施加越来越大的压力，这将使额外的空气进入轮胎更加困难。

同样地，星云中的引力会使粒子靠近，压缩气体并增加它们的压力。因此，产生了对引力的推力，星云趋于膨胀，两个主要参与者之间——引力和气压之间达到了一种微妙的平衡。然而，由于一些外部干扰，这种平衡可能在某些方面被改变，两种力量中的一种可能会战胜另外一种。如果压力超过了重力，那么气体

是什么点燃了熔断器？

压力和重力之间的平衡的破裂可能会受到发生在近距离内的各种各样的、充满能量的事件的影响。

例如，超新星爆炸以超音速释放出大量的物质，这些物质撞击气体和尘埃云，导致部分气体和尘埃云收缩，并形成了恒星。同样，银河系的碰撞或来自超大质量黑洞吸积盘的能量流可以引发星云的引力坍缩过程。

拓展阅读
博克球状体

20 世纪 40 年代，荷兰天文学家巴特·博克注意到 H–Ⅱ 区域内的一些小型黑暗星云。他和他的同事伊迪丝·赖利推测，这些区域可能是"黑洞"，物质在重力的作用下坍缩，同时形成新的恒星。不幸的是，以当时的仪器，很难证实这一猜想。直到 1990 年，天文学家若昂·林·云和丹·克莱门茨才发表了通过观察一系列这些结构发出的红外光所进行的分析结果，这些结构现在被称为"博克球"，以纪念它们的发现者。这项研究揭示了暗云中存在的点源：正在形成的新生恒星，正如博克在 50 多年前所提出的理论。由于球状体在恒星演化的早期阶段发挥着关键作用，今天的天体物理学家们仍然对球状体抱有极大的兴趣。它们的平均直径为几光年，可以包含多达 50 个太阳质量，并可以在同一朵云中同时产生几颗恒星。

就会发生膨胀，粒子就会相互远离，星云最终就会散开。相反，如果引力在云层的某个点上占上风，那么就会出现物质的收缩，随着物质变得越来越厚，就会开始引力坍缩。

开始形成

一般来说，我们可以看到有一个极限质量，超过这个质量，由重力产生的吸引力就不能再由压力来平衡，它被称为"金斯质量（金斯不稳定性）"。这个名字来自于 20 世纪测定它的英国物理学家和天文学家詹姆斯·金斯。如果在星云中超过了这个阈值，受影响的部分就会不可避免地发生引力收缩，恒星形成过程就会启动。温度越小，气体的密度越高，金斯质量就越小；随着坍缩的进行，密度大的区域会收集越来越多的物质，进一步增加其密度。随着坍缩的进展，密度大的区域收集了越来越多的物质，这进一步增加了它们的密度，它们分裂成越来越小的块状物，达到了未来恒星的质量等级。事实上，收缩云中只有大约三分之一的物质用于增强正在形成中的恒星，其余的部分分散到星际空间。该现象的总体持续时间及其效率取决于恒星的最终质量，并取决于参与收缩阶段的一些因素，如可能的湍流或者由于磁场的存在而产生的影响等。剑桥天体物理中心（美国）的哈马斯领导的一个国际研究小组在 2020 年的专著中讨论了恒星形成的时间尺度以及如何从低质量恒星的几千万年到大质量恒星的数十万年等。

现在让我们进入一个重力坍缩正在进行的结构中，试图在尘埃和密集的气体中找出一颗正在升起的恒星。当物质在重力作用下继续收缩时，压力就会通过压缩重新增加，直到再次平衡重力，将其向内推送，这是另一个非常重要的因素。

　　让我们以用给自行车轮胎充气的活塞为例：如果我们在操作结束后触摸泵的气缸，我们会发现它比开始充气时更热。为什么它的温度会升高？一般来说，决定流体性质的基本量：压力、体积、密度和温度，是由一个叫作"气体状态方程"的数学规律联系在一起的。当气体被压缩，减少其体积时，它的密度和压力增加；状态方程告诉我们，由于这种收缩，粒子增加了它们的热能，导致流体（在这种情况下是空气）在全球范围内加热。用一个残酷的例子，我们可以考虑把许多人（想象成液体的颗粒），并强迫他们进入一个非常小的房间。很明显，他们不会高兴，会变得烦躁不安，加快移动速度，试图离开这个狭窄的空间。他们会开始出汗，体温会升高。

上图 大麦哲伦云中的恒星形成区 N11B。图片来源：美国国家航空航天局 / 欧洲航天局和哈勃遗产小组（大学天文研究协会 / 空间望远镜研究所）/HEIC。

在我们的收缩星云中，随着坍缩的进行，压力逐渐增加，同时伴随着气体的相应加热。这就开始巩固云层，对抗引力，防止它进一步破碎。在密度的中心形成了一个更紧凑的天体，其密度约为每厘米立方体 100 亿个粒子，温度是周围区域的几十倍。值得注意的是，如果在星云附近没有可以加热气体的恒星，那么最初的云是非常冷的。然而，随着压力的增加，其温度从 10 开尔文（相当于零下 263 摄氏度）上升到几百摄氏度，塌陷速度就会减慢。

当一个物体变得比它周围的环境更热时，它就会以光辐射的形式释放出多余的能量。身体的温度越高，发出的光的能量就越大。因此，在这一进化阶段，恒星胚胎会发出一种不同于灯泡发出的"光"。是一种以无线电波形式存在的弱得多的光，随着身体的升温，辐射的能量越来越高。我们稍后将讨论这个概念，现在，我们只需要知道宇宙中的任何物体，在温度高于绝对零度的情况下，都会释放出或多或

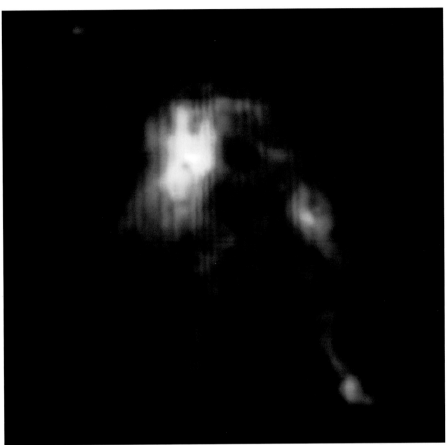

上图 智利阿塔卡玛大型毫米波天线阵射电望远镜网络拍摄的图像里，为"猫爪星云"中生长的原生星。该天体距离我们约 5000 光年，显示了浸泡在气体和尘埃云中的原恒星，它们正在形成，被上升的恒星发出的能量所照亮和塑造。

少的能量辐射，人类也是如此。特别是，我们发射的是红外线，一种我们的眼睛看不见但以热的形式接收刭的辐射。

回到我们正在形成的恒星，收缩的气体球是由一个密度更大的原子核组成的，它的引力足以吸引云的物质。天体继续升温并变厚，直到达到一个新的稳定情况，压力高到足以再次平衡重力，并达到物理学家称之为"流体静力平衡"的情况。现在的温度约为 2000 开尔文，辐射以红外线和通过可见的红光发射出来。然而，可见光无法穿透围绕着形成中的恒星的密集气体和尘埃云，因此天文学家只能使用对红外辐射敏感的仪器来研究这些恒星胚胎。第一阶段的吸积作用以一颗美丽的原星的诞生而结束。

大潟湖星云

潟湖星云是人马座的一个发射星云，距离人马座 4100 光年。在晴朗的夜晚，肉眼也能观察到它。在其内部可以观察到大量处于不同形成阶段的恒星。

● 图片来源：欧洲南方天文台。

从婴儿期到核聚变

根据质量的不同，恒星的形成会经历几个阶段。直到内部触发了将为它的大部分生命提供燃料的聚变反应。

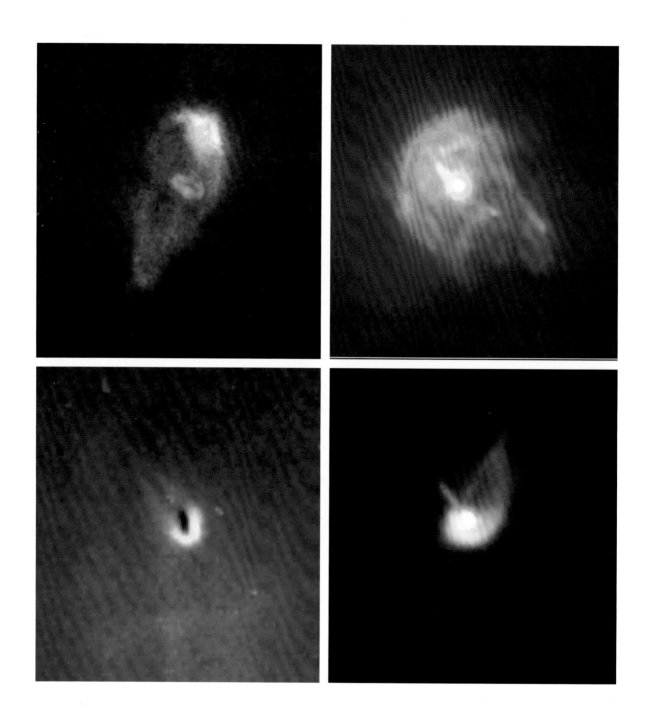

上图 在猎户座星云中形成的恒星周围观察到的原行星盘。这就是我们的太阳系在 40 多亿年前的样子。图片来源：美国国家航空航天局 / 欧洲航天局，J. 巴利（科罗拉多大学，博尔德，科罗拉多州），H. 斯洛普（科罗拉多大学，博尔德，科罗拉多州），CR 奥戴尔（范德比尔特大学，纳什维尔，田纳西州）。

上一页 星体形成区 NGC 2467，也被称为骷髅星云。它位于距地球 16000 光年外的波帕星座南部。其中的年轻恒星大多是蓝色的。图片来源：美国国家航空航天局 / 欧洲航天局和奥索拉·德·马尔科（麦考瑞大学）。

在上一章中，我们见证了恒星诞生的早期阶段，即压力和引力之间的微妙互动，随着引力占上风，物质开始收缩，产生胚胎，在星际介质的无边云层中发育。我们现在所处的阶段是，一个由气体和尘埃茧保护的非常热的球体以光的形式释放能量，在引力吸引和气体压力产生的内力之间达到了新的平衡。

一颗正在孵化的星星

这样形成的原星在进入第二个生长期之前，一直处于"静止"状态，被称为"0级"。在新的阶段，物质落到了恒星上，螺旋式上升并变薄成为一个吸积盘，与天体的旋转轴相垂直。部分恒星辐射现在设法穿过衰变的包层，尽管程度相当小：我们说的是第一类（或第一阶段）原恒星。该天体的质量每年以几十亿兆公斤的速度继续增加，以非常高的速度旋转着。随着时间的推移，圆盘的密度变得越来越小，并在几百万年后完全溶解。构成它的物质，除了增加恒星外，还可以压缩成不同大小的物体，也可以形成行星。因此，这就是为什么它被称为"0级"。

但为什么这些年轻的恒星会旋转得如此之快？它们旋转运动的原因是学生们最熟悉和最讨厌的物理学定律之一：角动量守恒。该定律告诉我们，在一个孤立的系统（即一个没有外部刺激的系统）的情况下，系统半径的减小会使其单个粒子的运动速度增加。说得更清楚一点，这个原理与调节系在绳子上的球的转动原理是一样的：只要试着与绳子的长度较长时相比，当固定它的绳子较短时，使球快速转动是一件很简单的事情。鉴于在星云中，恒星形成区的直径为几光年，而

拓展阅读
年轻的恒星

正在形成的恒星一般被称为"年轻恒星"。这种分类法包含两大类大体，即原生星和主序星，它们代表了质量不超过太阳 8 倍的恒星的两个连续演化阶段。1984 年，天文学家查尔斯·拉达和布鲁斯·威尔金提议将主序星进一步细分为三个等级（罗马数字为 I、II 和 III），后来随着 0 级和介于 I 和 II 之间的中间等级的引入，这一划分被扩展到原星。这种编目是基于新生恒星和其周围气体的发射模式，每一类都确定了形成过程中的一个不同时期。美国研究人员拉斯·克里斯滕森和迈克尔·邓纳姆在 2018 年的一项研究中使用了一种新的方法，来估计一些质量约为太阳一半的成型恒星在天空的一个特定区域——古尔德带的平均寿命。在第一阶段，恒星停留的时间约为 5 万年，而在另外两类中，停留的时间要更长一些，约为 9 万年。

上图 一颗原恒星的艺术表现，它突出了正在形成的恒星两极的增量盘和喷射流。图片来源：美国国家航空航天局/加利福尼亚理工学院喷气推进实验室/R. Ferito（SSC）。

作为坍缩的最终产物，恒星的直径为几百万千米，其大小的差异是非常明显的。这导致了在坍缩过程中产生的原星旋转速度的惊人增长。

在原星盘的最内部，粒子被恒星辐射出的能量加热并部分电离。气体与强磁场的相互作用导致物质沿着恒星的两极集中，形成了双极流：强烈的气体喷流以超音速从两极喷射出来。

这些喷流与星际介质相互作用和碰撞，并发出光辐射，从而形成了一种特殊类型的发射星云。它被称为"赫比希－哈罗天体"，以20世纪50年代首次观测它的两位天文学家命名。随着原星质量的积累，它继续增加其引力场并收缩，从

拓展阅读
一颗恒星在没有核聚变的情况下能活多久？

19世纪末，开尔文勋爵和赫尔曼·冯·赫姆霍尔兹提出了一个机制：开尔文－赫姆霍尔兹原理。这个原理以解释我们太阳发出的光：引力收缩。随着塌陷的进行，天体被压缩，逐渐缩小直径，并辐射出多余的能量，直到完全耗尽。有一段时间，人们认为这种引力收缩的过程是驱动恒星的唯一能量来源。就太阳而言，它的半径每年减少约50米，这是一个非常小的数字，即使在人的一生中也无法测量。然而，如果我们的恒星所发射的能量来自于这样一个过程，那么它只需要1800多万年就能消耗掉所有的质量也就是说在天文尺度上是非常少的。考虑到在与太阳系其他地方一起形成的地球上，我们有数十亿年的地质学和生物学依据，一定有一种不同的机制可以使恒星燃烧得更久，那就是核聚变。

右图 迪肯索尼娅的化石展示的是一种海洋生物，该化石可以追溯到5.4亿年前。地球上有这种古老生命形式的痕迹这一事实表明，我们的行星系统，包括太阳，已经有几十亿年的历史了。图片来源：伊利亚·博布罗夫斯基／澳大利亚国立大学。

而变得更热、更密。释放的能量开始驱散一些气体和尘埃的茧，天体几乎准备好从茧中出来。当恒星周围的物质被清除得足够多时，该物体变得可以让我们看见，并被称为前主序星（PMS）。在这个阶段，吸积盘仍然存在，遮蔽了来自前主序星的一些辐射，使其上升到"II级"。随着圆盘的磨损，我们看到出现的光线变得越来越像真正的恒星，而前主序星被称为"III类"。

与之前持续不到10万年的演化期相比，恒星孕育的这最后两个阶段持续了几百万年，在此期间，主序星的引力收缩进行得比之前慢得多，而多余的能量则以光的形式发射出来。引力转化为热量，然后辐射到周围空间的过程被称为"开

消失的气体云

　　这张图片显示了被归类为 HH110 的赫比格－哈罗天体。这些物体实际上是星云，是在形成中的恒星的气体喷流与星际介质碰撞时形成的。HH110 很特别，因为它显示了来自图片右下方的一颗（看不见的）恒星的单一喷射。通常情况下，有两个喷流是可见的，与形成中的恒星对称。

● 图片来源：美国国家航空航天局、欧洲航天局和哈勃遗产团队（空间望远镜研究所／大学天文研究协会）。

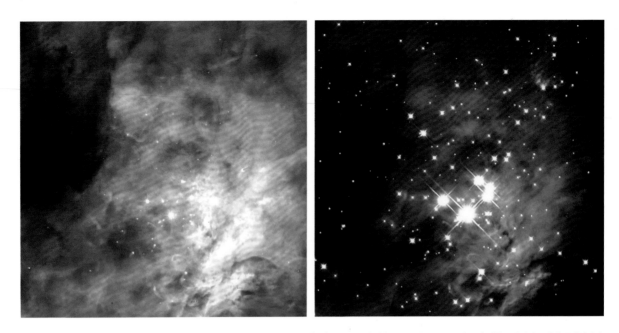

上图 位于猎户座星云中心的梯形星团中形成的恒星，在可见光（左）和红外线（右）中可以观察到它。图片来源：K.L. 卢迈（哈佛－史密森天体物理学中心）；
施耐德，E. Young, G. 里克，A. Cotera, H. Chen, M. 力克，R. 汤普森（亚利桑那州图森大学斯图尔特天文台），C. R. O' Dell e S. K. Wong（莱斯大
学）和美国国家航空航天局 / 欧洲航天局。

尔文－赫姆霍兹原理"（见第 51 页"拓展阅读"）。这个新生的天体现在已经获得了自己的大部分质量，
表面温度达到了 3000 摄氏度，但还不能正确地称为"恒星"。其核心的温度虽然极高，但还不足以触
发调节和决定恒星大部分生命的最重要过程，即热核聚变。就目前而言，能量是由引力收缩和随之而来
的光辐射释放产生的。

第一次核聚变被触发

　　随着时间的推移，主序星的核心在压缩作用下继续升温，直到超过 100 万摄氏度。 此时，氘（一
种氢的同位素，其核内有一个质子和一个中子，而普通氢只有一个质子）可以引发第一次聚变反应，与
普通氢的原子核相互作用，产生氦的原子核。这是一个能量极强的过程，但还不足以控制正在形成的恒
星的能量输出。这是因为，与普通氢（也称为质子）相比，氘的存在量非常小，而普通氢是这些天体的
主要成分，但它只能在 1000 万摄氏度的高温下熔化。

　　因此，通过开尔文－赫姆霍兹原理产生的能量仍然是主序恒星的主要能量来源，尽管氘核聚变在
这个阶段发挥了关键作用。由天体物理学家國友正信领导的国际团队于 2017 年发表在《天文学与天体
物理学》杂志上的一项研究表明，通过数值模拟，主序恒星中的氘的含量以一种不可忽视的方式调节着
新生恒星的演化，并能影响它的一些物理特性，如它的发光度和最终质量。

说到质量，在这一点上必须指出，并不是所有的恒星都要经过主序星阶段的演变。一些恒星直接从原星阶段跳到恒星阶段，而其他恒星甚至没有设法发展出触发核聚变的条件。这取决于天体在其存在的早期阶段能够通过增殖积累多少物质。特别是，主序恒星对应于一种过渡类型，当原星的质量至少达到太阳质量的百分之八时就会发生，比这一极限小的物体没有足够的物质成为恒星，因而有不同的命运。在经过一个由开尔文 – 赫姆霍兹原理支配的沉淀期后，就像主序恒星一样，压力成为主导，温度达到峰值。从那一刻起，随着时间的推移，气体球的质量越小，冷却的速度就越快。已经产生的"失踪的恒星"被称为"褐矮星"。它是一种质量大于行星的天体（国际天文学联盟将区分行星和褐矮星的常规极限定为木星质量的 75—80 倍），在其生命的早期阶段仍能点燃气和锂的核聚变反应，但不能点燃氢的聚变反应。这两个过程对于质量较高的天体来说更为活跃，并提供了一种"威慑"，减缓了温度的下降。然而，褐矮星会发出相当多的红外辐射，尽管最热的褐矮星表面最高温度约为 3000 摄氏度，在我们的眼中只会显示为小红星。最近，人们发现，温度较低（低于 1000℃）的褐矮星会有复杂的大气气象，不同大小和形状的云层位于大气的不同层。

根据来自斯皮策太空望远镜和甚大天线阵（VLA）射电望远镜网络的综合数据，2020 年 4 月尼尔·德格拉斯·泰森领导的一个国际科学家团队能够估计出这类褐矮星的风速：在赤道上约为 650 米 / 秒，是音速的两倍！褐矮星是一种非常有趣的天体，因为它们介于恒星和行星之间。研究并分析它们的特性使我们能够更好地了解太阳系以外的恒星形成和演化过程。

围绕褐矮星的行星！

过去 20 年的观测表明，褐矮星可以拥有真正的行星系统。2004 年，通过分析 170 光年外的棕矮星 2M1207 的超大望远镜数据，观测到这类恒星周围的第一颗系外行星。它揭示了一个围绕着失踪恒星的天体的存在，其质量在木星的 3 到 10 倍之间，而木星本身太小，不可能是褐矮星。

右图 图片中心是红外线观察下的褐矮星 2M1207，旁边有一个较暗的物体，可能是围绕它运行的巨型系外行星。
图片来源：欧洲南方天文台。

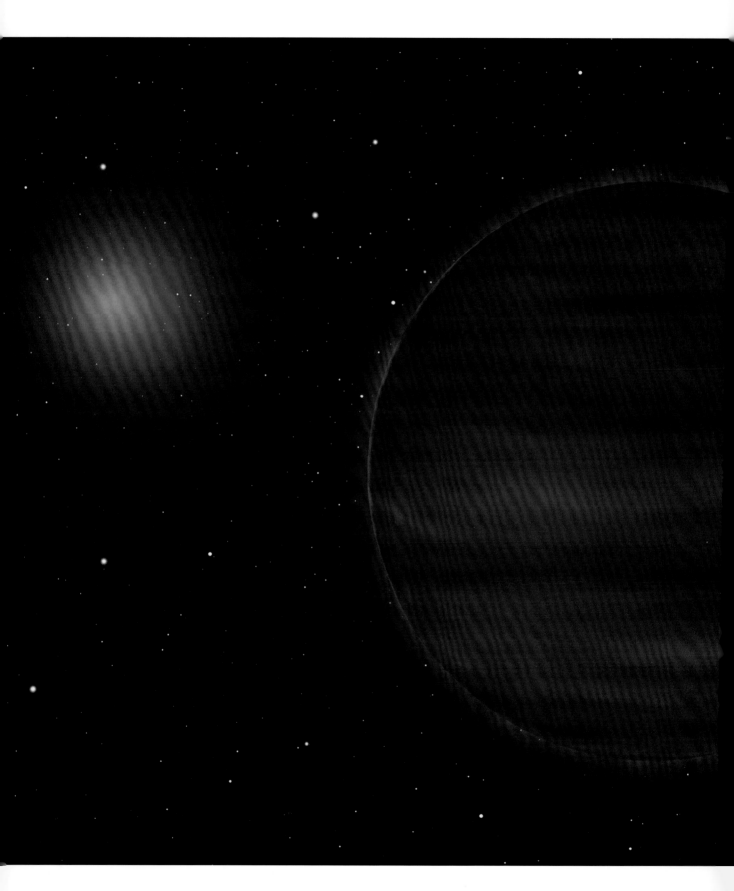

另一方面，如果原星成功积累了 0.08 至 2 个太阳质量，那么就可以发展成一颗主序星，这被称为"猎户座变量"。作为一个年轻的恒星天体，它的亮度变化很大，这与从表面上升的猛烈物质喷射有关。根据发光的类型，猎户座变星被分为两类：金牛 T 恒星（比较安静）和未来猎户座恒星，后者的亮度变化可以达到 100 倍。

质量超过 2 个太阳质量的主序星被称为赫比格的 Ae/Be 星，以提出编目的美国天文学家乔治·赫比格名字命名。这种类型的年轻恒星与它们质量较小的亲戚相似，但比猎户座变星更热、更亮。

质量超过 8 个太阳质量的原星不会经历前主序阶段，而会直接变成一颗恒星。其原因是，这类天体的演化速度非常快，当它们从气体和尘埃的茧中出来时，它们已经完成了演化。

一颗星星诞生了！

当原子核中的物质被允分压缩时，平均温度达到 1000 万摄氏度，这使得恒星的主要引擎被点燃：四个氢核（即质子）的核聚变反应被转化为一个 α 粒子，即由两个质子和两个中子组成的氦核。这个过程的激活稳定并停止了收缩的新生恒星。我们有了一个新的静水平衡条件，根据新形成的恒星的质量，它会持续几百万到数百亿年。被释放的能量辐射到周围的区域，并逐渐扫除星云的残骸。恒星就像一只破茧而出的蝴蝶，准备好享受崭新的生命。这被称为 ZAMS，它是"零年龄主序列"的缩写。现在，我们终于准备好进一步了解恒星中的能源生产原理，了解这些巨大的核聚变是如何发生的。不仅仅是为了满足科学家的好奇心，而是有更深远的意义。能够在地球上重现这些机制，对人类未来的能源发展十分重要。正如我们将看到的，核聚变是一种不可思议的能源。如果我们考虑最简单的版本，即把氢转化为氦，我们可以立即看到其巨大的优势。这是一种可再生的机制，因为氢是宇宙中的主要元素（在地球上，例如在空气和水中），效率极高。最重要的是，它是干净的。核聚变的产物是氦，一种惰性气体。它有一个奇怪的特点，吸入它会让我们的声音提高几秒钟。

左图 SCR 1845-6357 恒星系的艺术图片，该系统由背景中的红星和前景中的褐矮星组成。图片来源：欧洲南方天文台。

　　核聚变产生的能量是阿尔伯特·爱因斯坦在他的笔记中对历史上最著名的方程式之一：$E = mc^2$ 进行量化的。质量（m）和能量（E）是两个本质上相等的物理量。特别是爱因斯坦的观点告诉我们，质量是一种"静止"但高度集中的能量形式。事实上，为了获得其能量等价物，我们有必要将其乘以常数 c，代表光速的平方。正如我们在第一章中已经提到的，光的传播速度几乎为每秒 3 亿米，这个数值经过平方后，到达了 900 亿的数值。换句话说，一克物质完全转化为能量将产生 90 万亿焦耳的能量，足以让一辆电动汽车在不充电的情况下行驶超过从地球到太阳的距离。

　　在恒星的原子核中，热等离子体的湍流沸腾促进了粒子之间的碰撞，大部分是自由质子。当两个质子碰撞时，它们可以相互作用，产生一个氘核、一个正电子（电子的反粒子）和一个称为中微子的基本粒子。当一个正电子遇到一个电子时，它就会发生湮灭（即这两个粒子互相摧毁，消失）以光辐射的形

上图 ITER（国际热核实验反应堆）项目涉及建造一个实验性的核聚变反应堆，这是世界上许多国家合作的成果。这个想法是朝着用受控热核聚变在地球上生产能源的目标迈出一大步，这个过程与恒星中发生的过程相同。图中显示了环形反应堆的内部，粒子等离子体将在这里产生。发电厂的建筑群正在法国普罗旺斯的圣保罗－勒斯－杜兰斯进行建设。来源：ITER/ 聚变能组织。

式产生能量。氘又与另一个质子相互作用，产生一个由两个质子和一个中子组成的氦－3 的原子核。最后，以这种方式产生的两个氦－3 的原子核聚集在一起，形成一个 α 粒子并释放出两个质子。整个过程被称为"质子－质子链"（简称 p-p)，它是恒星物体的主要能量生产机制，质量是太阳的 1.3 倍。

在大质量的恒星中，能量总是由氢转化成氦产生的，但要通过一个不同的序列，利用碳、氮和氧的存在作为反应中的"催化剂"。换句话说，这些元素的原子核数量始终保持不变（它们在这个过程中没有进一步合成），它们的功能是在氦的生产中充当"辅助"。整个循环被称为（CNO）碳氢氧循环，来自所涉及的化学元素的首字母。德国物理学家汉斯·贝特在 1939 年发表的一篇论文中，首次将上述两个过程确定为在恒星中产生氦气的可能机制，并确定其中一个过程比另一个过程占优势与发生这些过程的恒星的质量有关。

充满惊喜的能量

无论是通过"质子－质子链"（简称 p-p）还是碳氢氧机制，该过程的最终结果都有一个关键特征。如果我们把一个阿尔法粒子放在天平的一个盘子上，把参与反应的四个自由质子放在另一个盘子上，我们会注意到这两个盘子并不处于平衡状态：氦原子核比它原来的成分轻了大约千分之七。根据上面引用的爱因斯坦的报告，总质量的一部分已经在核聚变过程中转化为能量，并以辐射的形式释放出来。

我们可能会问，以我们的太阳为例，核聚变保证的恒星的预期寿命是多少？事实上，氢就像任何燃料一样，会一点一点地消耗掉。它只能在恒星的内核发生，而不是在最外层。因为在那里已经达到了合适的条件。假设太阳中的氢总量只有 10% 可以转化为氦，那么转化能量的千分之七的物质就足以让这颗恒星闪耀

星星在燃烧

正是由于物质转化为能量，恒星的质量不是保持不变，而是随着时间的推移而减少。太阳通过核聚变和太阳风的影响，每秒损失近 60 亿公斤，太阳风将粒子从光球层释放到太空。相当于罗马这样一个城市的质量在短短的一分多钟内就会以能量或物质的形式从太空中消失。

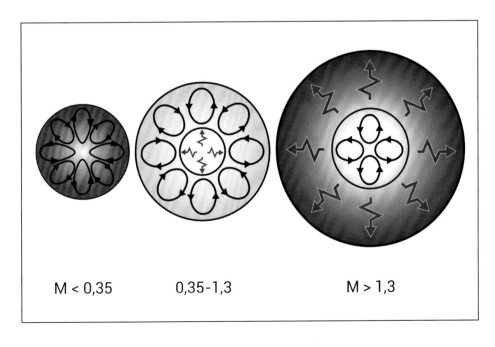

M < 0,35   0,35-1,3   M > 1,3

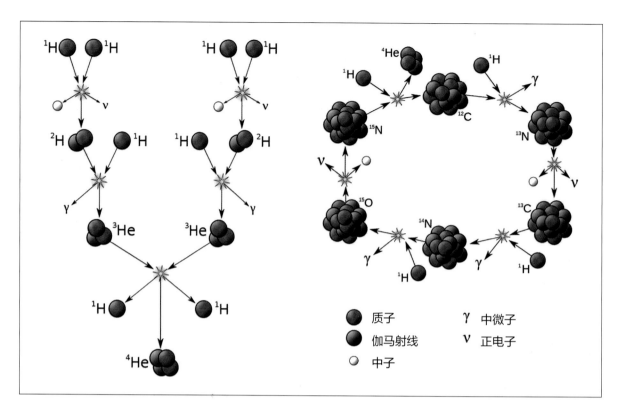

上图"质子－质子链"（简称 p-p）和碳氢氧链。它们是使氢和氦在恒星中融合的两种基本的热核反应序列。在图中，1H 表示正常的氢核（即一个质子），2H 表示氘的核（一个质子和一个中子）。He 代表氦，C 代表碳，N 代表氮，O 代表氧。图片来源：改编自维基百科，鲍勃（CC BY-SA 3.0）。

令人印象深刻的效率

核聚变是已知的最有效的能源生产机制之一。如果我们能够在地球上以可控的方式使用它，我们就能解决我们物种的所有能源需求。如果我们将游泳池中的氢转化为氦，所产生的能量将足以为整个地球提供超过 24 小时的电能！

100 多亿年！产生的辐射输送到恒星表面的情况是不同的，这取决于哪个是主要的核聚变过程。我们已经看到，像太阳这样由"质子－质子链"（简称 p-p）主导的恒星，有一个辐射核心，被一个对流区所包围。在碳氢氧周期占主导地位的恒星中，质量较大的恒星具有相反的结构，有一个对流核心和一个辐射地幔。最后，较小的恒星（不到太阳储量的 35%）是完全对流的，但通过"质子－质子链"（简称 p-p）过程产生能量。

但是要注意：我们已经说过，只有当恒星核心达到 1000 万摄氏度时才能触发氢核聚变，与我们的日常经验相比，这有着巨大的价值。然而，如果我们要计算质子在这些温度下的平均能量，我们会发现它仍然太低，无法让它们根据经典物理学定律融合在一起。这是因为作为带正电的粒子，当一个质子遇到一个质子时，两者往往会相互排斥（与两个磁铁的方式相同），而且这种排斥力会随着原子核的接近而变得越来越强烈，从而形成一个真正的静电能量屏障。为了让一个质子获得足够的速度来接近另一个质子以进行融合，从理论上讲，恒星中心的温度必须至少高出10倍。这就是真正有趣的地方：量子力学，这个理论解释了它是如何工作的。它告诉我们，在微观世界中唯一重要的是在空间的一个点而不是另一个点发现一个粒子的概率。用于确定物理系统的轨迹或属性的"绝对确定性"和决定论的概念失去了意义，取而代之的是一种受概率规律支配的永久的"不确定性"。根据量子力学，一个物体处于某种状态的概率在数学上表现为一个传播的波。而声波这类的波在遇到障碍物不会停止：它们的一部分可以通过屏障传播，尽管是减弱了很多的。发现屏障之外的波，可以翻译为"我对粒子可能存在于那个区域有很大的可能性"。如果这种可能性得以实现，那么两个质子中的一个就会真的"穿过"屏障，就像有一条隧道一样，并设法与它的同伴融合。这种机制被称为"隧道效应"这并非偶然。恒星核心中的大量粒子，以及由此产生的非常多的碰撞，以某种方式放大了两个质子的微小融合的可能性，使其高到足以在低于"传统上"要求的温度下引发核聚变过程。简单地说，星星之所以发光，是因为粒子能够穿过"墙"。

更惊讶的是，让我们以最后一个有趣的事实来结束这一章。在质子链中，几乎所有过程中的各种反应都相当"快速"，也就是说，它们平均在不到几十万年的时间内发生。鉴于恒星核心中的大量粒子，相互作用将非常频繁，并相对迅速地吞噬整个天体，但是链的第一步，两个质子必须碰撞的那一步，是所有链中最慢的一步。因此除了电排斥的问题，这使得相遇只能通过隧道效应来实现，在两个质子之间发生的相互作用是很弱的。

弱力是自然界的四种基本相互作用之一，其特点是发生的概率非常低。这两个因素的结合意味着太阳中的一个质子半均寿命约为10亿年，然后再与一个类似的质子融合。但在恒星中存在大量的质子。

拓展阅读
我们可以穿墙而过吗？

如果隧道效应如此有效，以至于能让一颗恒星存活数十亿年，那么为什么从来没有人见过人类穿过一堵墙？

答案在于普朗克常数，它告诉我们量子力学效应在很大程度上变得尤为重要。问题是，这个常数非常小，以至于量子的"怪异"依据我们的尺度几乎总是无关紧要（或者说，不可能）。但是，如果我们想象100亿个星系有100亿个世界，每个世界有100亿人居住，如果我们能让所有人同意同时向20厘米厚的障碍物发射，那么计算表明，经过一周的失败尝试其中一个人可能真的会成功。

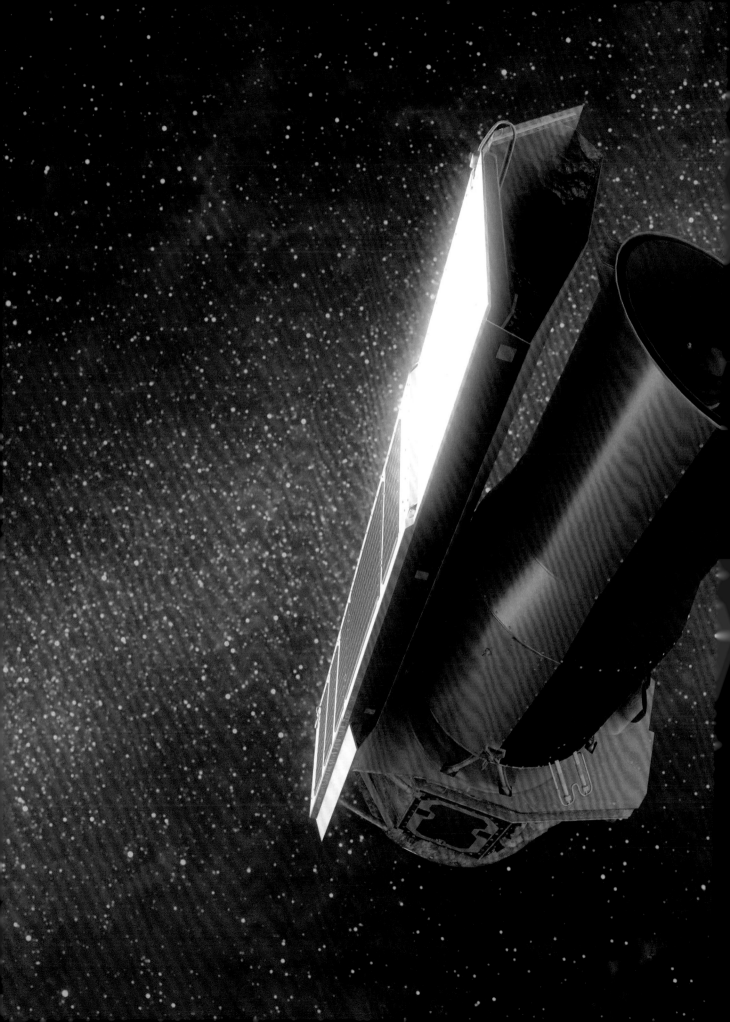

第四章

恒星演化：颜色和光亮度

星团是来自同一星云的恒星群：疏散的星团有年轻的行星；球状的星团则有较老的行星。观察恒星也意味着识别它们的特征，特别是它们的颜色和亮度。

　　一旦胚胎阶段结束，恒星的生活就变得非常单调：它们在整个存在过程中约有 90% 的时间是通过核聚变将氢转化为氦。在这段很长的时间里，它们基本上没有变化。然而，它们在形成过程中所获得的特征决定了它们的主要属性、随后的发展、演变的时长，甚至它们可能面临的命运。

一起年轻

　　在星云中诞生的恒星很少是孤立存在的：引力塌缩几乎总是会影响到云的一部分。正如我们在前几章中看到的，云往往会破碎成不同的气团和尘埃，原恒星就在其中开始演化。平均而言同样的物质云也就是我们恒星的家园，在同一时期产生了几百甚至几千个天体。当核聚变反应开始时，恒星释放出多余的气体，星云在数千万年内消失，最终留下整个恒星团。

　　对夜空中可见星团的早期观测非常古老，可以在人类历史上最早的天文学文献中找到。克劳迪奥·托勒密是古代最重要的天文学家之一，在他的基本著作《天文学》（公元 2 世纪）中提到了一些今天最著名的星团，例如耶稣诞生星团（位于巨蟹座），英仙座双星团和位于天蝎座被称为托勒密星团的

上页图 英仙座双星团的图片，其中的两个单星团清晰可辨。右上方的 NGC 869 和左侧的 NGC 884。它们与地球的距离在 7000 光年至 8000 光年之间。图片来源：罗斯·里特（黑暗大气层）。

左图 这个位于天蝎座的疏散星团被称为"托勒密"（或者更准确地说，是 M7），因为亚历山大的天文学家在公元 2 世纪提到了它。它距离地球 980 光年。图片来源：迪特·维拉什（太空舱）。

下图 佛罗伦萨乌菲兹美术馆内佛兰德画家胡斯特斯·苏斯特曼斯的肖像画中的伽利略。这位科学家意识到，我们现在所说的星团是由众多的恒星组成的。

星群。这位来自亚历山大的天文学家将这些天体描述为天穹上的光斑，我们用肉眼无法看到其形态的细节。伽利略·伽利莱在 17 世纪初用他的望远镜观察这些星团时，发现它们不是单一的天体，而是由许多星星组成的星团。

今天由于有了越来越先进的望远镜，仅在银河系就发现了 1200 多个星团，而且据推测，还有更多的星团有待发现。这些天体根据其形态可以分为两大类：疏散星团和球状星团。

前者是包含数百或数千颗恒星的星团，最多延伸几十光年，大多由非常年轻的恒星组成，在某些情况下，仍然被它们诞生时的星云残骸所包围。在我们的纬度地区可以观测到的最著名的疏散星团无疑是昴宿星团，这是位于金牛座的一组非常有启发性的星团，在冬季的夜晚我们都用肉眼看到它。英仙座双星团也特别有名，因为它非常独特。组成它的恒星被分别归类为 NGC 869 和 NGC 884。它们位于银河系的旋臂中。后者比我们的"英仙座旋臂"更靠外一些。根据盖亚卫星获得的最新数据和参与该项目的国际研究小组的分析，这个双星团位于与我们太阳的距离约为 7500 光年。实际上，两个组成的星团在太空中并不真正地"接近"。最新的研究表明，它们之间的距离大约是 600 光年。这两个星团都包含了几千颗非常年轻和相当明亮的恒星：年龄"仅有" 1300 万年的青少年恒星，尽管一些研究表明 NGC 869 的年龄略高，大约有 1900 万年。

观察疏散星团的结构，我们首先注意到它们的形状是不规则的。它们通常由一个密度较大的中心区域组成，直径为几光年。还有一种由恒星组成的冠冕，在最大的星团中，它向太空延伸了大约 20 光年。在内部区域恒星的距离要更近一些，而在外部区域则更稀疏，疏散星团注定会在几百万年内解体。星团中各个恒星所产生的整体引力不足以将它们永远固定在一起，经过几千年的时间，成员们会慢慢地各奔东西。以昴宿星团为例，如果我们的后代在大约 2 亿年后朝天空的那个方向看，我们将不再看到这个星团，而是看到分布在天空中更广阔区域的各个小点。

可以将疏散星系团与人类生长阶段进行类

左图 疏散星团 NGC 290 位于小麦哲伦云，这是银河系的一个卫星星系，距离太阳系 20 万光年。图片来源：欧洲航天局和美国国家航空航天局（感谢：E. 奥尔谢夫斯基，U. 亚利桑那）。

比，尽管它们被大规模的稀释。当我们还是孩子时，我们的童年很容易一直住在一个地方，大概就是我们的出生地。我们在哪里交朋友，一起度过很多时间，与朋友们一起成长。然而，生活为我们提供了各种各样的选择，在学校教育结束时，我们可能会走上不同的人生道路。有些人来到另一个城市度过大学生涯，有些人决定去其他地方工作，有些人更喜欢国外的经历，有些人仍然依恋自己的祖国。尽管如此，但这种感情可以跨越时间和空间上的距离依然存在，甚至感情更深。同样地，即使是在空间上分离但属于同一起源组的恒星也显示出类似的特性。

研究恒星不仅可以帮助我们从纯科学的角度理解宇宙的运作，而且有助于我们与一个对人类来说非常大的现实事物进行比较和联系。有时，将我们的经验与宇宙的运作相比较，使我们发现自己能与大自然的美丽融为一体。

统一的重力

球状星团比较少见，但远比疏散星团壮观。当恒星的数量足够多时（几万或几十万个成员），那么引力就会战胜恒星的"自由"运动，这个群体就可以存活下来而不会解体。在这些天体中，单个成分的运动被一个整体的引力所支配，这个引力在很长一段时间内将星团的形状塑造成最终的一种球体。类似于我们用雪来赋予它球的形状，以同样的方式，如果引力有足够的时间发挥作用，它往往会把系统性天体（恒星群、星系或星系团）变成球体。用天文术语来说，这个天体群被称为"放松"，有点像我们吃完午餐，肚子鼓鼓地坐在椅子上。这样的星团被称为球状星团，因为它们

拓展阅读
内布拉星象盘

从人类诞生之初起，昴宿星团就是人们注意到的天体之一。这个星团在许多古代文献中被提及（比如《圣经》），许多古代文明也提到了它。其中最著名的发现是内布拉星象盘（照片来源：D. 巴赫曼，CC BY-SA 3.0），这是 1999 年在德国内布拉镇附近发现的一件带有一些黄金嵌件的金属工艺品。该圆盘宽约 30 厘米，据说可以追溯到公元前 2000 年中期。如果该日期是正确的，它就是世界上迄今为止发现的最古老的对天空的真实写照。圆盘显示了太阳的升起和落下点，以及月亮的两个阶段（上升和满月）。此外，还可以确定七个相互靠近的点，人们将其解释为昴宿星团的几个主星。

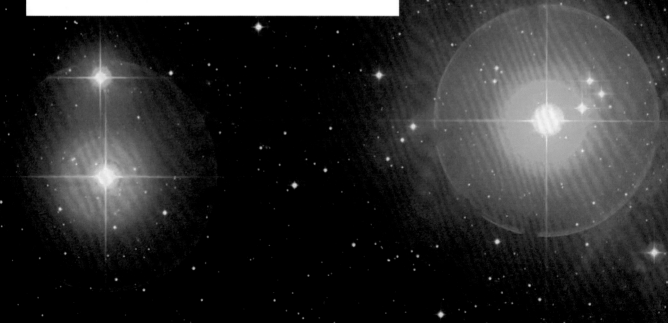

七姐妹

　　昴宿星团是离太阳系最近的星团之一。根据国家射电天文台的射电望远镜网络 2014 年的测量，它距离太阳系 443 光年。在肉眼看来，它就像一个散落在金牛座上空的斑点。实际上，如果你仔细观察，你可以看到这组星星中的 6 到 8 颗。如果视力特别好，在非常黑暗的天空下，你最多可以看到 11 颗。实际上，它是由 1000 多颗相对年轻的恒星组成的，都是在 7500 万到 1.5 亿年前诞生的。即使使用小型望远镜，你也可以观察到星团主星周围散落的星云。长期以来，人们一直认为它们是星云的残骸，但是今天人们认为这些恒星只是经过了一个与它们的诞生无关的星际尘埃区域。根据神话，昴宿星团代表七姐妹，是泰坦巨人阿特拉斯和仙女普莱奥尼的女儿，她们也像群星中的两颗一样存在，宙斯为了让她们躲避追逐她们的猎户座而把她们变成了群星。为了安慰她们的父亲阿特拉斯，他不得不把天空的重担扛在肩上。

● 图片来源：美国国家航空航天局、欧洲航天局和奥拉 / 加州理工学院。

几乎呈球形。目前，在银河系中已经观察到 152 个这样的星团，大部分分布在银河系中心周围的光环中，但据估计，可能有多达 200 个。它的数量很多，但仍比疏散星团少 6 倍。

　　在这些系统中的恒星的化学成分中，非常缺乏比氦重的元素（天文学家称之为"金属"），这就表明了它们的年龄。正如我们将在下一章中更详细地了解到的那样，恒星实际上是宇宙的化学工厂，特别是在它们存在的最后阶段。当一颗恒星死亡时，它的组成物质分散到星际介质中，用新的元素丰富了星云的气体，而这些元素又将混合到后来从云层坍缩中诞生的恒星物质中。换句话说，最近诞生的恒星比更古老恒星的化学成分要多得多，因为它能够收集前几代恒星形成的物质。就球状星团而言，重金属元素的匮乏告诉我们，我们面对的是极其古老的天体，甚至超过了 100 亿年的历史。这个年龄与银河系的年龄相当。球状星团中几乎完全没有年轻的恒星，这一点可以从以下事实中得到证明：没有明显的弥漫气体和尘埃的残留物，它们已经被恒星发出的辐射完全抹去。

　　与疏散星团一样，球状星团最多延伸几十光年，但与第一类星团不同的是，它们的密度更大。在它们的中心区域，单个恒星之间的距离相当于我们太阳系的几倍。如果地球在这些巨大的星团中，就不会有完全黑暗的时间，夜晚会被最近的恒星产生的柔和光线所照亮。在北半球，最明亮的球状星团是大力神星团，被称为 M13，位于同名的星座中。这是一个由 50 多万颗恒星组成的系统，距离地球大约 2.2 万光年。用双筒望远镜看，它是一个边缘模糊的圆形斑块，用小型望远镜就可以分辨出组成它的一些星星。在特别晴朗的夜晚，甚至可以用肉眼看到它。

色彩缤纷的天空

　　在研究了恒星的形成、生命的早期阶段和运作方式之后，现在是时候介绍这些天体最引人注目的特性了：亮度和颜色。虽然它们看起来微不足道，但它们是描述一颗恒星及其后续演化的星等。

上图 阿雷西博的射电望远镜被用来向球状星团 M13 中可能存在的智能文明发送信息。图片来源：美国国家科学基金会的设施——阿雷西博天文台。

蓝色流浪者

在星团中，我们可以发现一些奇特的恒星，它们被称为"蓝色流浪者"，其特点是质量和光度都远远高于平均水平。最初，人们认为这些蓝色流浪者只是比其他星团成员晚出生的恒星，但是今天最被人们接受的假设是，它们的形成是星团中两颗恒星碰撞的结果，它们合并成了一个更大、更亮的天体。

当我们在晚上仰望天空时，星星看起来就像一堆白色的点，或多或少都很亮，但基本上看起来都是一样的。只有少数罕见的情况例外，即使是我们的眼睛也能捕捉到微弱的颜色而且"细微差别"一词不是随意使用的。例如，让我们考虑一下看看夏季几个月的天空：在我们的纬度地区，日落后我们就有可能看到一颗明亮的星星，它是第一个出现在暮色中的星星。它就是博特星座的大角星，是整个天空中继天狼星、卡诺波星和半人马座阿尔法星之后的第四颗最亮的星，也是第一颗被分类在北半球的星。这颗星的名字很奇怪，听起来好像是某个人物的名字。实际上它源自古希腊语 árktos ôuros，字面意思是"母熊的守护者"。事实上，大角星位于北斗七星附近，北斗七星是一组在大熊星座尾部的星星，而大熊星座是北斗七星的一部分。

随着黑暗的降临，大角星从其他恒星中脱颖而出，这不仅仅是因为它的亮度：不难发现，这个圆点的颜色并不是真正的白色，而是一种精致的橙色色调。向天顶看去（在我们头顶正上方的位置），另一颗非常明亮的星星叫织女星。它属于天琴座，主宰着天空。在我们看来，织女星或多或少与大角星一样亮，但让人眼前一亮的无疑是这两颗星的颜色不同：如前所述，大角星是橙色，织女星则趋向于蓝色。尽量不要陷入非此即彼的对立中，我们可以说大角星是黄红色的，而织女星是白蓝色的。除了个人对这种或那种色调的偏好外，我们可能会想，为什么

这些星星是彩色的，而其他的却不是。在现实中，所有星星都有自己的颜色。当然，有白色的星星，但也有红色、橙色、蓝色的等等。正如我们在第一章中已经讲过的那样，我们的太阳被归类为"黄星"。

夜空中的物体在我们看来大多是白色的，这是我们的眼睛造成的。作为昼伏夜出的动物，当光线不足时，我们很难感知颜色。因此当天黑时，我们基本上看到的是黑白的。此外，我们的眼睛对不同颜色深浅的反应也会因环境的亮度而改变。在明亮的光线下，我们往往更容易分辨出红色，而在昏暗的光线下，我们往往能更好地看到蓝色。这是一种被称为"浦肯野效应"的原理，以 19 世纪研究它的捷克解剖学家浦肯野·扬·伊万格利斯塔命名。

然而，用能够收集比人眼多得多的光线的望远镜观察时，星星的全部光芒都可以被看到。它们的色调绝不是随机的，与管理这些巨大的发光等离子体球的物

理学有关。光的颜色提供了关于恒星发射的辐射能量的信息,而这又与天体的表面温度有关,所以恒星的颜色告诉我们它有多热。为了更好地理解我们正在谈论的内容,让我们退一步问:什么是光?

"读"一颗星:光谱

当我们谈论光的时候,我们指的是一个更普遍的物理现象的一小部分,它被称为"电磁波"。更准确地说,科学家认为光和电磁波是表示同一事物的两种方式,而在我们的日常生活中,我们通常把光称为电磁波中人眼能够感知的部分,也就是可见光。

电磁波可以有不同的能量,这取决于它们的密度和它们每秒钟重复的次数。特别是,波的波动的空间维度被称为其波长,而它在时间上重复的次数则由其频率表示。这两个量是成反比的。频率越高(用小写希腊字母 ν 表示),波长越短(用小写 λ 表示),而约束它们的常数是波的传播速度。在电磁波的情况下,这个速度显然是光的速度。因此,结合这三个量的关系是: $\lambda = c/\nu$。

由于马克斯·普朗克和阿尔伯特·爱因斯坦在 20 世纪初的工作,人们了解到,电磁波可以被看作是一个离散量的叠加,即具有一定能量的"包",由公式 $E=h\nu$ 描述,其中 ν,如前所述,是频率,h 是一个被称为普朗克常数的数字。这些光的包被称为光子。光子的能量与频率成正比的事实告诉我们,"密度最大"的光(波长较小)也可能是能量最大的。我们的眼睛正是通过不同的颜色来感知不同波长的可见光。红色与低能量有关,蓝紫色与高能量有关。如果我们进一步增加频率,光辐射就会变得看不见,因为人眼无法感知这些额外的波长。我们处于光谱的紫

北方

根据古罗马人的文化,博特是一个牧羊人,用七头牛(在拉丁语中是 septem triones)拉着犁在田里干活,代表北斗七星。由于地球的自转天体在一天中上升和下降,绕着北极转。今天的北极几乎正好位于北极星也就是大熊座的阿尔法星。从意大利的天空看去,北斗七星在夜间移动而不曾落下,因此它是被称为"环极地"的星座的一部分,在离北方不远的天空中画了一个大圈。因此,罗马人认为 septem triones 代表北方,因此我们称之为"北方"。

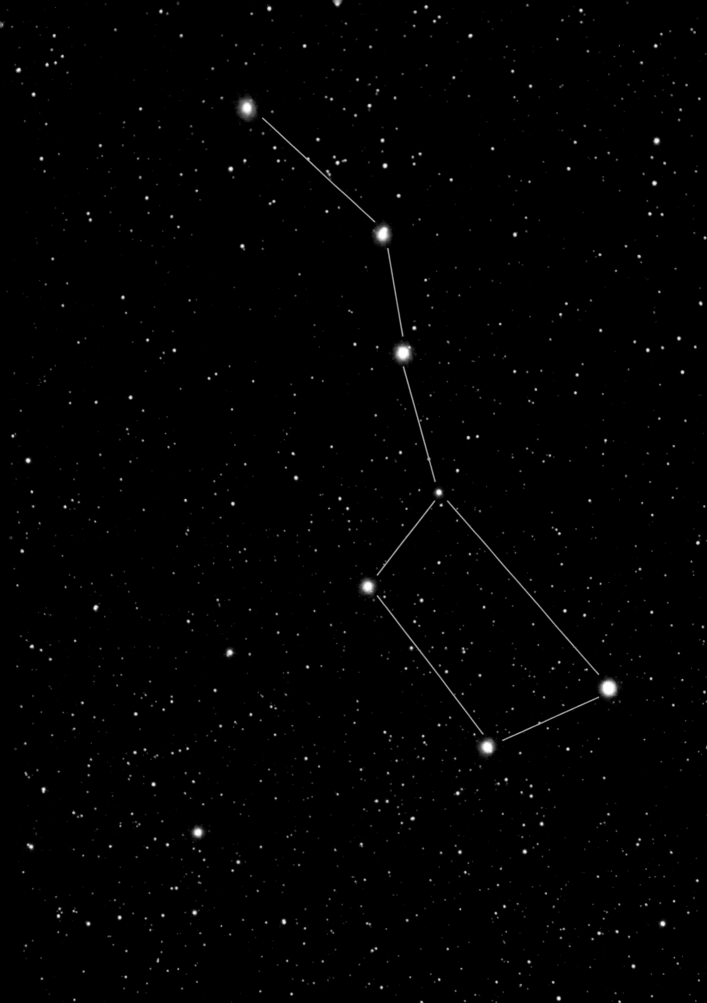

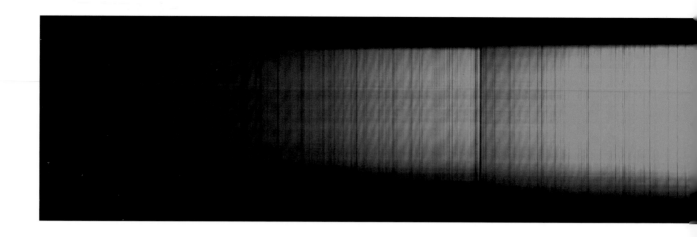

外线区域，接着是更高能量的 X 射线，最后是伽马射线。同样，我们的眼睛也看不到红外线、微波和无线电波，即电磁波中能量比红光还要低的那部分。

光可以承担的所有可能的频率的集合，无论是可见的还是不可见的，都是电磁波谱，它是我们用来研究宇宙的最有力的工具之一。恒星发出的辐射光谱提供了大量的信息：我们可以确定恒星的温度及其化学成分，了解它的结构，甚至推断它的运动。在不深入研究的情况下，我们可以把光谱定义为"条形码"，或者更好的是，定义为一颗恒星的遗传密码。

当我们从一颗恒星上收集光线时，我们会注意到一些非常有趣的事情。这个天体的辐射发射基本上是在所有的波长上发生的，但强度是不一样的。以太阳为例，能量更多来自于黄光频率，而对于像阿克特罗斯这样的恒星，最大的辐射是在橙色和红色之间释放的。如果我们把光的频率和它的相对强

上图 太阳发出的可见光的光谱。可以清楚地观察到大量的深色吸收线，它们是构成我们恒星光层的化学元素的特征。

下图 电磁波谱的图解。

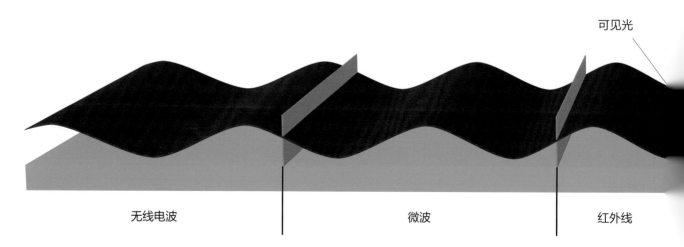

可见光

无线电波　　　　　　　　微波　　　　　　　红外线

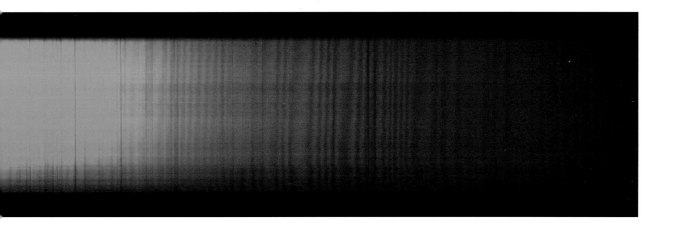

度画在一张图上，恒星的发射看起来就像一个"钟"，有一个峰值，它的位置随温度的变化而变化。对于表面较热的恒星，它在蓝色区间，对于较冷的恒星，则在红色区间。这种光谱是由一种非常密集和不透明的东西发射出来的，就像恒星内部的等离子体，它加热后变得像白炽灯一样，并根据其温度发光。从技术上讲，这样一个理想的物体被称为"黑体"，虽然把发光的东西称为"黑体"可能会让人感到困惑。

仔细观察，恒星的光谱与黑体预期的理想光谱不完全相同，但它确实有另一个特点。如果我们观察一下恒星光的颜色分布，我们可以识别出不同厚度的垂直暗线。这是光谱中的一种"切割"，是一种信号。这表明在那些特定频率下产生的辐射没有到达我们这里，因为有东西吸收了暗线处的光，因此被称为"吸收线"。这些线条起源于恒星的光球层，它的密度和温度都比内部低。当恒星产生的辐射通过它的表层时，它可以被构成它的化学元素所吸收。换句话说，吸收线的位置和强度告诉我们恒星光球的化学成分，并给我们一个精确的估计。简而言之，我们可以从我们的电脑中舒适地"阅读"遥远星体的组成成分。这是不是很神奇？

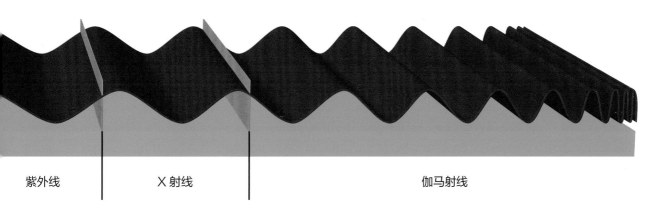

紫外线　　　　　X射线　　　　　　　　　　　　　　　　伽马射线

一颗星星的球体

　　大力神星座中的球状星团 M13。其组成的几十万颗恒星的年龄大约在 115 亿年以上。它的真正直径约为 145 光年。这个星团是由英国天文学家爱德蒙·哈雷在 1714 年发现的，他也是为著名的哈雷彗星命名的人。在理想的天空条件下，人类能用肉眼观察到它。

● 图片来源：马可·布拉里，蒂齐亚诺·卡佩奇，马可·曼奇尼（天文台 MTM）。

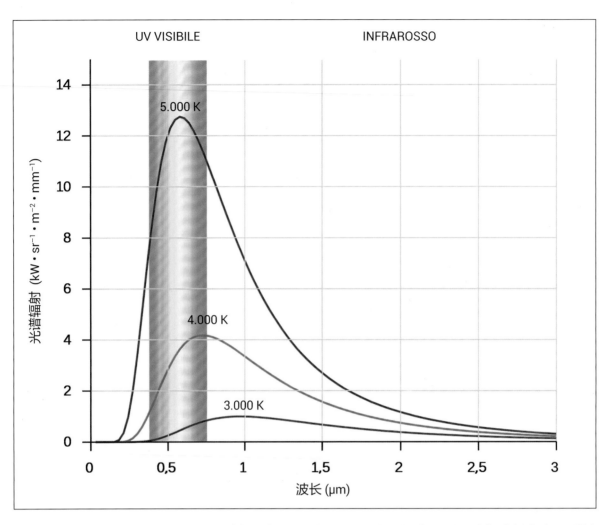

UV VISIBILE INFRAROSSO

上图 不同温度下的黑体发射曲线。在水平轴上，是以纳米为单位的波长，而在垂直轴上则显示相应的辐射强度。矛盾的是，从物理意义上讲，恒星可以被认为是"黑体"，即在所有波长下都能吸收和发射的物体，而它的发射只取决于温度。

一颗星有多亮？

除了它们的颜色，星星也可以根据它们的亮度来分类。事实上，亮度无疑是让我们能够在夜空中快速区分它们的特征。但是请注意，根据我们从地球上观察到的光线对恒星进行分类，并不能说明这些天体实际发出的能量有多少。我们不能说一颗明显很亮的恒星比我们看到的更暗的恒星放射出更多的光。一颗恒星的亮度，即它在夜空中对我们来说有多亮，被称为"视星等级"。而一颗恒星发出的亮度被称为"绝对星等"。而我们真正有兴趣的是后者，因为它代表了一个物体的内在亮度，即它每秒钟释放的辐射量。让我们以织女星和大角星为例。我们已经提到它们的亮度非常相似，织女星的亮度略低。然而，它们的相似性只是我们观察的一个结果。事实上，距离测量告诉我们织女星离地球更近，因为它距离地球 25 光年，而大角星距离地球 37 光年。虽然它更遥远，但它看起来比另一颗更亮，即使只是更亮一

下图 不同恒星的光谱，分类依据为发射线的类型和发射辐射的强度。从上到下，这些恒星的温度是递减的。值得注意的是，在最热和最冷的恒星之间，行的数量和位置的差异，指出了一些化学元素的特征。

恒星的分类

从 19 世纪下半叶开始，人们根据恒星所在的光谱对其进行分类。从哈佛大学天文台台长爱德华·皮克林绘制的图表开始，1912 年他的助手安妮·坦普·坎农根据光谱中的线条将恒星分为 7 类。由此产生的类别用字母 O、B、A、F、G、K、M 表示，对应地表温度从高到低的顺序排列。字母 O 代表最热的恒星（温度大于 30000 摄氏度），M 代表最不热的恒星（在 2000 摄氏度到 3000 摄氏度之间）。为了记住这一连串的字母，盎格鲁—撒克逊人发明了一个有趣的短语："Oh Be A Fine Girl/Guy, Kiss Me!" 翻译成汉语为："哦，做个好女孩 / 好男孩，吻我！"

点点。换句话说，它本质上更亮。如果我们将这两颗恒星的内在亮度与太阳相比较，我们会发现织女星发出的光比太阳多 40 倍左右，而大角星比我们的恒星要亮 200 倍左右，这使得它成为我们附近的最亮的恒星。如果我们考虑太阳周围大约 50 光年的范围，大角星就是我们银河系附近的"大人物"。

在织女星周围的天空中，最容易辨认的一颗星是天津四，它是迷人的天鹅座的尾巴，是另一个看起来相当明亮的天体，但比织女星要逊色得多。不过，与后者不同，天津四要远得多。根据天津四卫星的最新数据，它距离地球 1410 光年，几乎是织女星的 60 倍！其他测量表明，这颗恒星甚至更远，超过 2600 光年。我们可以很容易地用肉眼观察到它，这表明我们看到的是天空中的一个真正的"怪物"。天津四发出的能量是太阳的 5.5 万到 19.9 万倍，如果它在我们恒星的位置上，它的亮度足以消灭整个太阳系。然而，尽管它具有非凡的力量，但它并不是我们所知道的本质上最亮的恒星。

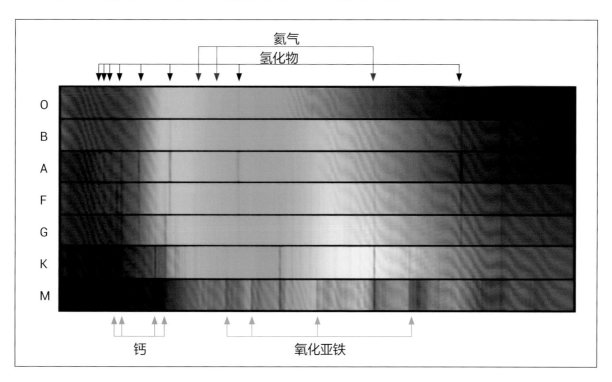

右图 在这个星系中 M33 也被称为三角星系。它是迄今为止我们可以观察到的最亮的恒星。图片来源：达尼洛·皮瓦托，吉米·拉托。

最亮的星星

在三角座星系 M33 中发现了一颗破纪录的恒星。它是一颗蓝色的超巨星，名为 M33-013406.63。它被认为是有史以来人类所观察到的最亮的恒星。它的内在亮度是太阳的 600 万到 1000 万倍。如果它距离地球 10 光年，它会显得比满月还要亮得多。

除了少数例外，大多数肉眼可见的恒星都比太阳更亮。其中一些可以发出几百万倍于太阳所发出的辐射，在这样的图景中似乎很难将它体现出来。实际上，与宇宙中所有已知的恒星相比，太阳的表现并不差。它比其他 95% 的恒星都亮。只是我们的视力只允许我们分辨出明亮的恒星，而较暗的恒星亮度不够，我们无法用肉眼感知它们的距离。

换句话说，当我们观察夜空并评估星星的亮度时，为了不被蒙蔽，我们必须考虑到两个因素。它们的亮度和距离。事实上，一般来说，最亮的星星也不是离我们最近的星星。现在我们已经知道了定义恒

星的两个基本特征，即颜色和亮度，我们可以问自己这些参数之间存在什么联系。答案将引导我们进入恒星演化过程中最关键，但也是最令人惊讶的阶段。

拓展阅读
规模

　　最古老的基于亮度的恒星记录是由希腊天文学家尼西亚的希帕尔科斯在公元前 150 年左右创建的。希帕尔科斯根据星星的亮度将其分为六个等级。他建立了一个按降序排列的星等表。一级是最亮的星星，六级是肉眼可见的最暗的星星。尽管该系统相当简单，但它在希腊时代的天文学中非常受欢迎。随后，在 1856 年，英国天文学家诺曼·波格森正式确定了天体亮度的尺度，指出六级星比一级星的亮度低 100 倍。今天天体的亮度被测量到百分之一或千分之一星级，最亮的天体可以有负的星等值。例如，天狼星的视星等为 -1.46，太阳盘为 -26.74。

夏天的三角地带

　　夏日三角是由三颗非常明亮的恒星组成的星群。左上方是天琴座的织女星，它似乎是最亮的。在左边我们发现了天津四，而在下面的中央，我们发现了天鹰座的牵牛星，它在银河系的前面，亮度介于前两者之间。

● 图片来源：美国国家航空航天局、欧洲航天局 /A. 福基。

第五章

从成年期到最后阶段

恒星的演化已经到达了稳定阶段，即主序阶段。而一颗恒星的整个生命可以用一个基本图来概括，也就是 H-R 图。

当我们把关于同一物体的两个物理量交给一个科学家时，请永远记住，这个人一定会试图找到一个相关量之间的联系，也许把它们安排在一个漂亮的图表。这正是天文学家艾希纳·赫茨普朗和亨利·诺利斯·罗素在 1910 年后不久利用恒星的颜色和亮度所做的讲座。这两颗恒星独立工作形成了一个图表，现在以他们的名字被称为"赫罗图"，或者更简单地说是 H-R 图，其中每颗恒星都用一个点标示。沿着横轴也就是水平轴，显示的是表面温度（我们已经看到它与颜色有关），从右向左递增（所以与通常的做法相反）。沿着纵轴也就是垂直轴，显示的是发射的辐射量，也就是内在光度或绝对量级。这两位科学家发明了天体物理学中最优雅、最强大的仪器来解释恒星的演化。

上一页　敞开着的哈夫纳 18 号星团显示了恒星演变的三个不同阶段。靠近图像中心的恒星已经完成了它们的形成，并在很大程度上驱散了它们所产生的云层。但左边的一颗星仍然显示它的"茧"。然而在右下角，有恒星仍在形成。他们被密集的气体和尘埃云所包围。图片来源：欧洲南方天文台。

下图　一个简化的 H-R 图。在图中，恒星根据其发光度和表面温度分布在不同的区域。可以看到主序、巨无霸和超巨星区以及白矮星区。太阳所处的位置也被显示出来。在纵轴上，亮度表示为与太阳亮度的函数。横轴，显示了以摄氏度为单位的表面温度和相应的颜色。代表某颗星的点随着该星的演变在图上移动。图片来源：欧洲南方天文台。

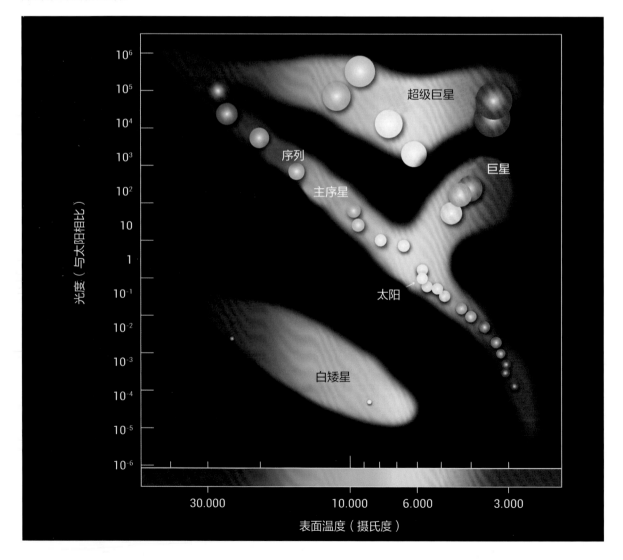

选择正确的样本

为了构建 H-R 图，我们需要一个恒星样本，对于每一颗恒星，我们都可以合理准确地知道这两个参数：颜色（或表面温度）和绝对星等。第一个参数不存在问题。因为一个恒星的表面温度可以从它的光谱中获取，通过光谱仪就可以得到。然而，要知道一颗恒星的绝对星等，正如我们在前一章所说的，必须测量它的距离。这并不总是容易做到的，在赫茨普朗和罗素的时代就更不容易了。

因此，最早的 H-R 图是用少数可以测量距离的恒星构建的，例如使用恒星视差法，或者使用属于同一个疏散星团的恒星样本，特别是昴宿星团和天琴星团，两者都位于金牛座。我们的想法是，即使我们不知道与该星团的距离，属于该星团的所有恒星与我们的距离大致相同。因此，星团中恒星的表面亮度也表明了它们彼此之间的相互亮度。那些从地球上看起来最亮的恒星也是发射出最多光线的恒星。通过这种方式就产生了一个"合适"的恒星样本来应用 H-R 图的强大工具。

主序列

在这样一个选定的恒星样本的 H-R 图中，恒星并不是随机分布的。绝大多数的恒星都倾向于分布在一道弯曲的带子上，它从右下方的区域延伸到左上方的区域，在那里有非常明亮和非常热的恒星。

质量最大的恒星

大麦哲伦云中的狼蛛星云中的年轻星团 R136 包含了有史以来观察到的最大质量的恒星。最初这个纪录是由 R136a1 星保持的，根据计算它的质量大约是太阳的 315 倍。然而，一个国际科学家小组根据哈勃望远镜的数据进行了一项研究，并将其发表在《科学》上。在 2020 年 9 月发表的报告中，将估计值大大降低到 215 个太阳质量左右。因此，冠军的头衔传给了同一星云中的 R136c 星，它的质量是太阳的 230 倍。

右图　大麦哲伦云中的疏散星团 R136 的图像，其中包含了一些迄今为止已知的最大规模的恒星。图片来源：美国国家航空航天局、欧洲航天局和 F.F. 帕莱谢（意大利博洛尼亚）、R. 奥科耐尔（弗吉尼亚大学，夏洛茨维尔）和广场相机科学监督委员会。

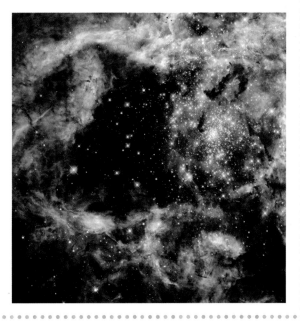

　　这一趋势清楚地告诉我们，温度和恒星辐射的光量之间存在着一种相关性。随着前者的增加，后者也会增加。这条带子被称为"主序列"，代表了所有的恒星，一旦核聚变开始，它们的生命中的大部分时间都在原子核中把氢转化为氦。这条带子上之所以有这么多的恒星，是因为正如我们所说的那样，所有的恒星无论其质量如何，都会在其生命的90%时间里将氢转化成氦。当一颗恒星从它的形成阶段出现时，它被表示为主序列上的一个点，它是一颗零年龄主序星。根据胚胎期达到的质量和温度，这一点位于序列的一个特定区域。较热的恒星也较亮的原因是因为其内部发生核反应的效率，这对高温恒星来说效率更高。

左图 半人马座阿尔法星三联星系统的两个组成部分，该系统的三个成员都是主序矮星。这张图片中有两颗恒星。半人马座阿尔法星 A 和 B 分别是黄矮星和橙矮星，而半人马座比邻星（此处未显示）则是一颗红矮星。图片来源：兹德涅克·巴顿／欧洲南方天文台。

　　一般来说，较冷和较暗的主序天体的质量较小，较热和较亮的天体质量较大。它们的范围从红矮星（表面温度约为 3000 摄氏度，质量为太阳的几十分之一，亮度比太阳低 1000 倍）到热蓝星（比太阳亮几十万倍，温度为几万摄氏度，质量是太阳的 200 倍）

　　从主序中可以提取的信息之一是恒星的寿命。直观地说，我们可能会认为大质量恒星比小质量恒星存活得更久，因为它们有一个更大的氢"储存库"可供提取。但是大质量恒星也非常明亮，这意味着它们的燃料消耗得更快。例如，蓝色恒星腾蛇十的质量是太阳的 27 倍，但其光芒却比太阳亮 10 万倍。它耗费燃料的速度要比太阳多出 3000 倍。

　　总而言之，蓝色和天蓝色恒星的寿命从几千万年到几亿年不等，像太阳这样的白矮星或黄矮星可以活到 100 亿年，而弱红矮星的寿命是几百亿年，这比宇宙年龄要长得多。我们可以说它们几乎是不朽的，简而言之恒星在某种程度上就像一辆高性能的汽车，但消耗燃料的速度比汽车快得多。此外温度低、光度低的恒星还有一个充当生命灵药的"优势"。它们完全是对流性的，也就是说它们内部的物质不断被搅动，这使恒星不仅可以利用其原子核的氢，而且可以利用其外部各层的几乎所有的氢来进行核聚变。

　　随着恒星的老化，在 H-R 图中代表它的那一点慢慢地进入主序。这是因为随着原子核中氢的数量减少，核反应的频率降低，星体趋于收缩。这导致了温度和压力的增加，在这一点上，核聚变再次变得有效并辐射出多余的能量，增加了恒星的亮度，恢复了原来的温度，再次增加了恒星的半径。因此作为一种净效应，一颗恒星在主序中演化逐渐变得更加明亮。例如，太阳在诞生时的亮度比现在要低 30% 左右。

中年的到来

随着时间的推移，恒星原子核中的氢趋于耗尽，天体开始进入其存在的最后阶段。就太阳而言，它的燃料供应将在 40—50 亿年后耗尽。在这个时期之后，星星会发生什么？

主序之外的恒星演化结果取决于恒星的质量。其他因素可能会产生或多或少相关的影响，比如比氦重的元素的含量，这在天体物理学中被称为"金属"（当然，把氦之后的任何化学元素称为"金属"有点伤化学家的心）。然而质量仍然是决定一个恒星的最后时日的基本参数。

让我们首先考虑质量与太阳相似的天体会发生什么，这并不是为了了解我们星球在遥远未来的命运。一般来说，0.6 到 8—10 个太阳质量的恒星有相当类似的演化过程。当氢核聚变反应停止时，几乎完全由氦组成的恒星原子核就不再有支持力来抵抗重力，随即便会塌缩。正如我们在前几章中已经知道

拓展阅读
林氏轨道

主序列前恒星也出现在赫罗图中，但是它们的演化是以百万年的时间尺度进行的，通常比主序星本身要快得多。就在原恒星阶段之后，在赫罗图中代表它们的点位于右上角，即高光度和低温度。随着引力塌缩的进行，恒星在几乎恒定的温度下收缩，变得不那么明亮。在赫罗图中，这种演变可以被一条几乎垂直的线来表示，被称为"林氏轨道"。该名称来自于日本天文学家林中郎，他在 20 世纪 60 年代提出这一概念。如果这颗恒星的质量小于太阳的一半，那么林氏轨道就会直接以氢核聚变反应的点火结束，成为它进入主序列的标志。否则进一步的发展就会开始。在这个过程中，亮度不会发生改变，但温度会上升：代表恒星的那个点在被主序列接受之前几乎是水平移动的。

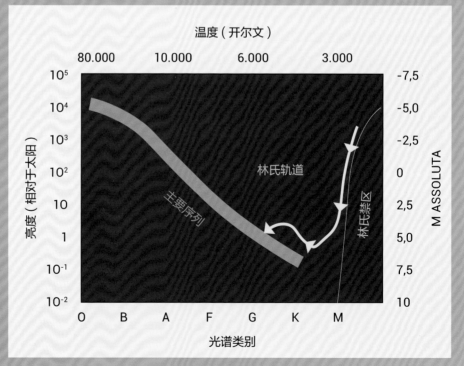

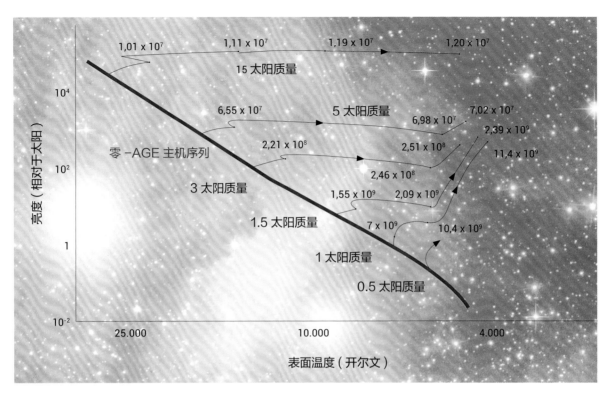

上图 不同质量的恒星在离开主序时在 H-R 图中的演变路径。这些数字表示一个恒星在图中移动的平均时间，以年为单位来计算的。

的那样，塌缩导致了压力增加和强烈的加热，这种加热扩散到了原子核以外的恒星层。氢在那里仍然存在，当温度因塌缩而变得足够高时，氢氦聚变可以在围绕原子核的外壳中发生。这颗恒星的体积逐渐增大，由于外壳释放的能量而膨胀。它退出了主序阶段，开始进入"亚巨人"阶段。随着外层与核心的距离增加，表面温度降低，恒星的光谱也略有变化。与此同时，随着原子核内核聚变的进行，原子核周围的氢外壳继续为原子核提供氢。对于质量小于太阳两倍的恒星来说，中心区域仍然处于热平衡状态，但越来越多的物质会进入一种叫作"退化"的状态。在这种密度极高的等离子体中，质子和电子被挤压得非常紧密。在气体的"正常"压力之外，又增加了一种特殊的效果，这种推力来自于量子力学所描述的这些粒子的内在特性。从本质上讲，两个粒子无论多么相同，都不可能处于完全相同的条件而且一定有区分它们的特征。例如，一个原子核周围的两个电子具有相同的自旋（一种表示基本粒子旋转的特性），就不得不具有不同的能量。从原子的角度来看，这意味着两个电子在两个不同的轨道上，一个是内轨道，一个是外轨道。如果我们试图将外轨道上的电子推向更靠近原子核的同伴，自然界会通过施加一种违背我们意愿的"力"来阻止我们这样做。这一概念在保利的排他性原理中得到了正式体现，这是量子理论的基石之一。

在这一基础上，原子核升温外壳的核聚变反应的效率急剧增加，恒星处于红巨星阶段的初始阶段。

亚巨人

壁宿二是一个距离地球 97 光年的双星系统，位于仙女座，其主要成分是一颗蓝色亚巨星。它的质量是太阳的 3.6 倍，表面温度约为 13500 摄氏度，使其呈现蓝白色。它的内在亮度大约是太阳的 200 倍。壁宿二是其所在星座中最亮的恒星。

- 图片来源：在线天文望远镜观看网站。

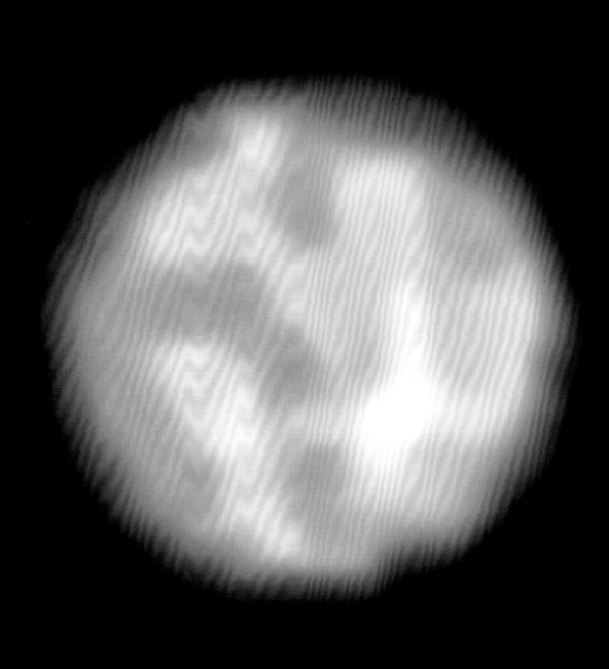

恒星演化的这一阶段在 H-R 图中由位于右上角的区域表示，位于主序之上，它被称为"红巨星支"或 RGB（Red Giant Branch 的缩写）。对于像太阳这样的恒星，从原子核的氢核聚变停止到成为红巨星，即暂时的亚巨星状态大约需要 20 亿年。

如果恒星的质量超过太阳的两倍，原子核在进入退化状态之前就会变得不稳定。在引力的作用下，它会以非常快的速度聚集和加热，导致外层冷却和不透明的扩张速度变得更快。在这种情况下，红巨星的分支需要几千万年的时间。

红巨星阶段

在红巨星的初始阶段，恒星的表面温度基本上都是一样的，大约是 5000 摄氏度，这与它们的质量无关。然而，根据近年来开发的恒星演化模型，光度可以有很大的变化。从低质量恒星的太阳光度的一半左右到大质量恒星的数千倍。氢核聚变在原子核以外的区域继续进行，持续升温并提高核反应的效率。这个阶段的天体逐渐增大，变得越来越亮。

在恒星包膜的部分，即融合的氢壳和恒星表面之间的区域，对流运动随着它们的下降越来越深而扩大了它们的面积。当达到燃烧壳时，核聚变的产物被输送到表面，同时"搅动"着光球中的化学成分，这被称为"第一次疏浚"。通过恒星光谱可以观察到，它显示出更高的氦、氮、碳和氧。物质的转变也从发生核反应的包络中移走了一些氢，稍微降低了效率。恒星趋于轻微冷却，进化速度减慢。在 H-R 图中，这一阶段通过巨行星分支中恒星的增厚得以体现。

拓展阅读
像"标准蜡烛"这样的巨型恒星

一个由变形氦组成的恒星原子核的质量达到太阳质量的一半时，就会触发核聚变。这意味着在红巨星支上达到峰值的恒星在亮度上非常相似，所以我们会看到一个更亮的恒星和一个不那么亮的恒星，这说明后者只是距离更远一些。在处理已知内在亮度的天体时我们称之为"标准蜡烛"，可以用来确定宇宙中的距离。由克里斯汀·麦奎恩领导的一个国际研究小组于 2019 年发表的一项研究显示了对这些恒星的观察。根据分析，通过新的太空望远镜收集的数据可以非常详细地观察红外辐射，可以将这些测量在某些"近距离"天体上的误差降低几个百分点，这将大大改善天文学中的距离测量。

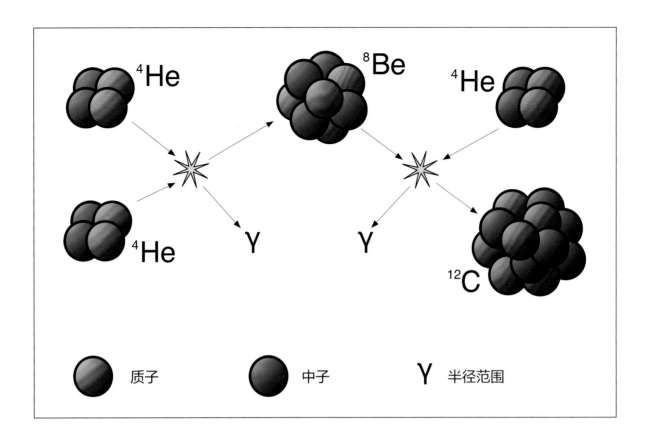

⁴He · ⁸Be · ⁴He · ⁴He · γ · γ · ¹²C

● 质子　　● 中子　　γ 半径范围

上图 三阿尔法过程的示意
图，其中三个氦核形成一个
碳核。在循环的中间阶段，
形成了铍核。

　　如果天体有一个退化的核心，那么巨行星分支的增长只能进行到一个未确定的极限，称为"尖端－红巨星支"。这颗恒星的表面温度已经冷却到 3000 摄氏度到 4000 摄氏度之间，这取决于它的金属性。我们的太阳在这个阶段将发出约 2800 倍于目前的亮度，并将它的半径增加 170 或 180 倍。它的表面将包括两颗最内层的行星——水星和金星，而地球至少在目前将得到拯救。地球表面的人类会看到什么？几分钟后，他们会看到天空被一个巨大的淡红色球体所主宰，这个球体非常大以至于需要四个小时才能升起，四个小时才能落下，之后这个红巨星所发出的令人难以置信的能量会完全把地球烤焦。一旦恒星的氦核达到巨支的顶部，它的温度就足以引发核聚变反应，产生碳然后产生氧。而恒星的中心在所谓的"氦闪"中被点燃，内部亮度的剧烈增加并没有反应在恒星的表面上。能量在原子核中消散，产生了体积的增加。由于中心区域的膨胀，外壳中的氢核聚变强度下降，恒星的总光度下降。天体在引力的牵引下压缩，表面温度再次升高。在 H-R 图中，这颗恒星从巨支向主序移动，定居在一个叫作"水平分支"的区域。在这个区域，恒星的亮度都差不多，但温度和大小却

令人头晕目眩的亮度

当太阳的核心温度达到约 1 亿摄氏度时，氦核聚变将在一个极其剧烈的过程中开始，几秒钟内，在恒星的中心释放出与银河系中所有恒星的亮度总和相当的亮度。随后，核聚变将通过一个被称为"三阿尔法"的过程以更"平静"的速度进行，在这个过程中三个氦核融合生成碳并从而生成氧。

因恒星的物理特性（总质量、金属度、年龄……）而有所不同。据估计，在将持续约 1000 万年的水平分支阶段，太阳的半径将等于其目前半径的 10 倍。相比之下，质量在太阳的 2 到 10 倍之间的恒星，在太阳退化之前就达到了原子核氦的聚变温度。然后，这个天体在没有到达顶峰的情况下离开了巨行星的分支，在一个与它质量较小的同伴类似的过程中，开始收缩并提高其表面温度，向最热的恒星的 H-R 图区域移动。在技术术语中，代表它的点被说成是在图中运行一个"蓝色循环"，然后开始最后阶段的演变。

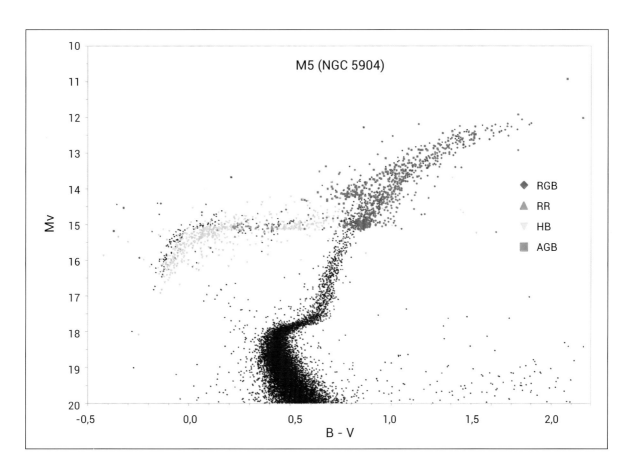

就像在《星际迷航》中

　　艾里达尼系统的主要恒星有一颗可居住的岩石行星。早在这颗行星被发现之前,《星际迷航》传奇的创作者想象到最初的瓦肯星就位于这颗行星的周围。该系统的 B 部分是第一个被发现的白矮星。

- 图片来源：今日宇宙网。

恒星中产生的化学元素不仅是在热核反应中合成的，而且还通过在恒星演化的最后阶段发生的不同过程合成。特别是对于接近渐近巨型阶段的天体，中子"俘获"反应可以在中心区域由较重原子的原子核发生，这些原子核膨胀产生新的元素，有点像由乐高积木构成的建筑。这个过程被称为"S"，来自于"slow"，也就是"慢"的意思，以区别于超新星爆炸等事件中发生的更快速的捕获现象。通过对恒星光谱的分析，观察 s 过程的产物是可能的，这要归功于疏浚：将这种物质带到表面的搅动。2018 年匈牙利科学院天文学家波尔巴拉·塞赫领导的一组科学家就是这样做的。研究人员计算了 169 颗渐进式巨行星由 s 反应产生的新元素的丰度，证实了这与恒星的金属性有关。

下图 一个渐进式巨行星的内部结构图。核心由碳和氧组成。在它周围融合了氦气，更多的是外部融合了氢气。向外有一个辐射层和一个对流层。图片来源：马格纳斯·维尔赫尔姆·佩尔松。

右图 环状星云（M57）是一个美丽的行星状星云，位于天琴座。这张照片是哈勃太空望远镜拍摄的，它展示了恒星的不同层被正在形成的白矮星喷射到太空中并电离在其中心。它距离太阳系大约 2500 光年。图片来源：美国国家航空航天局 / 欧洲航天局和哈勃遗产场（空间望远镜研究所 / 大学天文研究协会）。

临近终端

当原子核中的氦也耗尽时，这颗恒星就会进入一个叫作"渐近巨行星"的红巨星的新阶段。随着由碳和氧组成的惰性核心的收缩和升温，氦核聚变可以在围绕核心的外壳中重新点燃。这个壳层本身被包裹在一个更外层的层中，那里的氢仍然燃烧。由于核聚变的两个壳层释放出的能量，外层进一步膨胀，亮度再次提高。根据恒星进化的一些模型，在渐近巨行星阶段，太阳甚至会吞没地球。

最后一个进化周期是几百万年，与恒星的整个生命相比这是相当短的。当氦核聚变在围绕核心的外壳中停止时，最外层的氢气包层在几万年内仍然是恒星唯一的能量来源，并趋于紧凑。然而，融合的氢气继续通过供应底层的外壳来产生

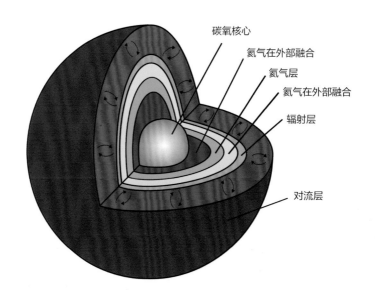

碳氧核心
氦气在外部融合
氦气层
氢气在外部融合
辐射层
对流层

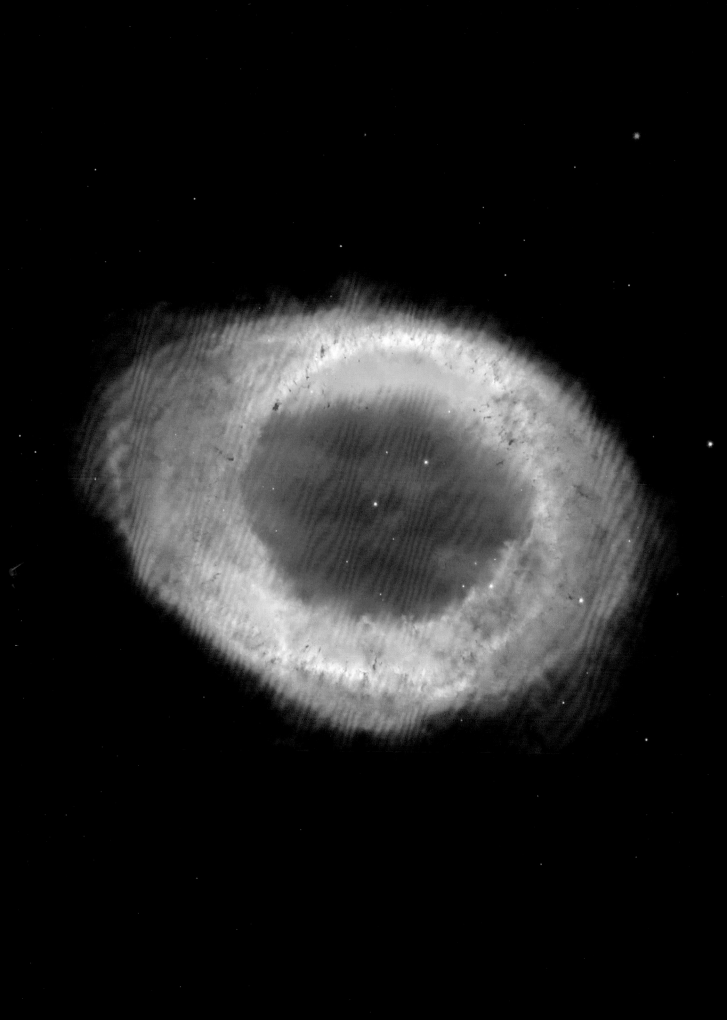

氢气，直到让它在另一波氦气中再次点燃。这时，天体再次膨胀，在几百年内使其亮度增加几个数量级。在融合结束时，有一个进一步的收缩，这个过程在"热脉冲"中重复。

在渐近巨星阶段，物质被混合到恒星的所有区域，使原子核中的元素在连续几次位移中到达表面。由于恒星风的作用，大量的物质也会分散到周围的空间，产生从恒星延伸 30 光年的气体。

看到这颗恒星的时刻即将到来，在氢和氦的核反应结束时，剩余的总质量不足以在中心区引发碳聚变。核心从根本上紧缩，越来越多的气体从外层扩散出来，散布在垂死的恒星周围，直到发现了氢气完成转化为氦气的区域。释放出的能量照射了分散的物质，使气体电离，产生了壮观的行星状星云：一个球形的气体外壳向太空扩散，带着恒星的外层进入太空。我们在天空中观察到的行星状星云通常有几光年的半径，每立方厘米有数千或（特殊情况下）数百万个原子的密度。它们确实令人印象深刻，有些甚至可以用小型望远镜来欣赏。

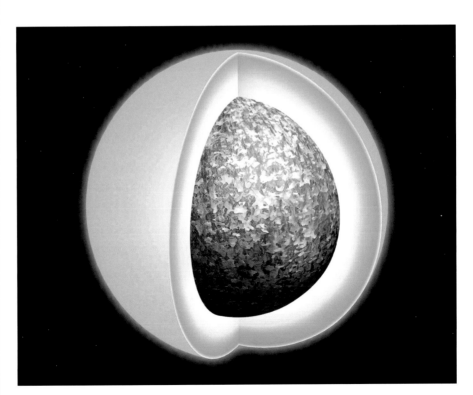

上图 白矮星内部的图片。人们认为，由于在这些天体中有巨大的压力，它们内部的碳以晶体的形式形成了巨大的结构，也就是钻石。图片来源：华威大学 / 马克·加利克。

左图 行星状星云 378-1，位于海德拉星座。它距离我们大约 3500 光年，产生它的恒星在其中心可见。图片来源：欧洲南方天文台。

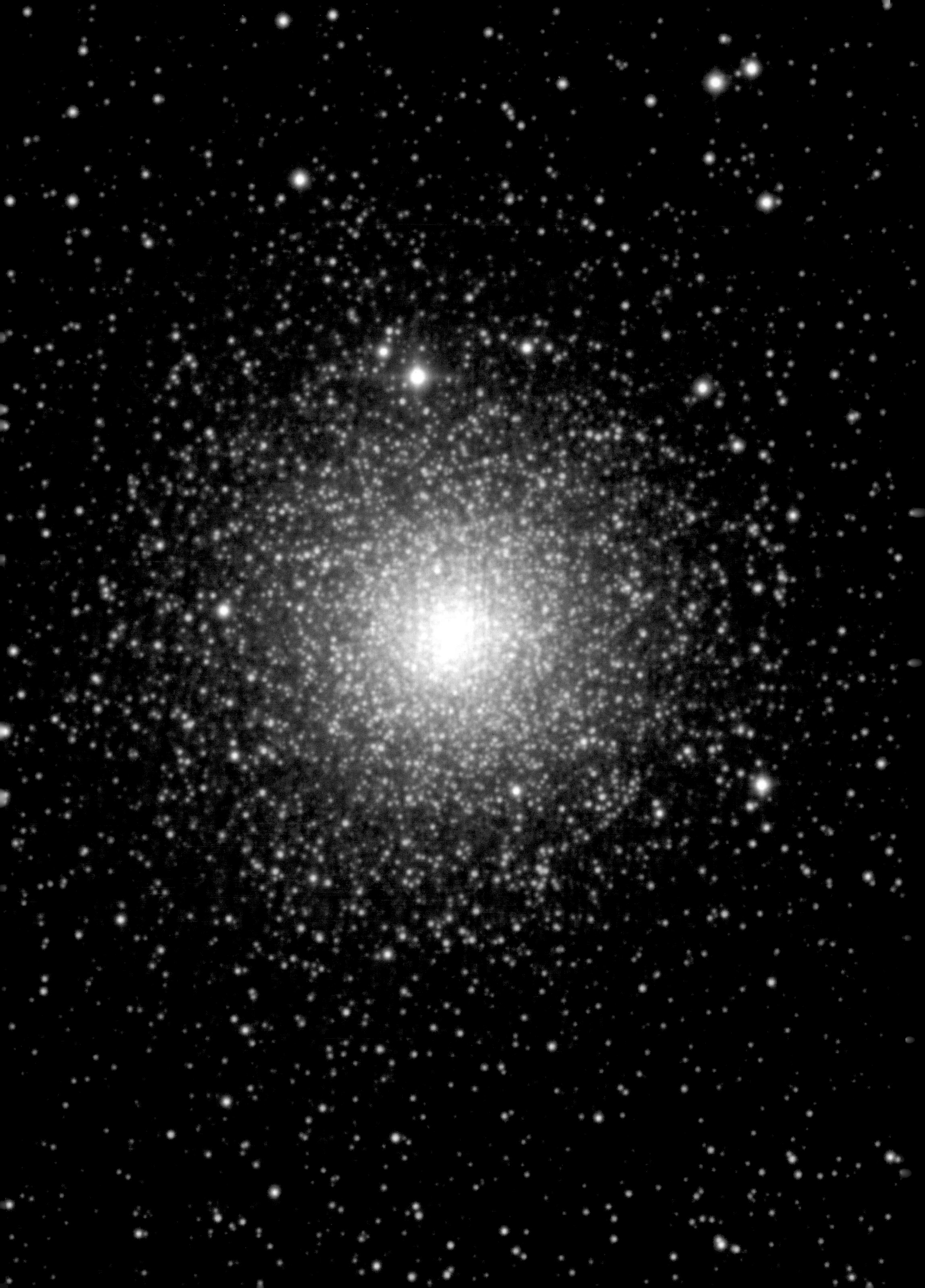

然而，它们的寿命很"短暂"：在大约 1 万年后，形成它们的气体会在星际空间中稀释，直到它们被稀释到无法区分。

但是坍缩恒星的核心会发生什么？在压缩成与地球这样的行星大小相当的体积后，该天体终于稳定下来。在中心区域，物质被压缩成几千万摄氏度的退化状态，而在表面，温度可以在 4000 摄氏度至 40000 摄氏度的大范围之间。这个坍缩物体的平均密度是每立方米 100 万吨左右。

从本质上讲，这个天体的一个立方厘米就有一吨重。然而，引力仍然被保利不相容原理的量子效应所抵消。这种恒星的"残留物"被称为"白矮星"。这些死亡的恒星在 1910 年被亨利·拉塞尔、爱德华·皮克林和威廉米纳·弗莱明首次观测到，当时它们是 40 个埃利达尼星系的三倍星系，由两颗主序星和一颗白矮星组成。在 H–R 图中，白矮星被显示在左下方区域，与相应的蓝／白主序恒星相比，白矮星的温度相对较高，光度较低。经过数十亿年，白矮星注定要冷却下来，慢慢熄灭，直到产生所谓的"黑矮星"：它散布在宇宙中，由完全惰性的气体"挤压"而成。然而，根据恒星演化模型，温度的降低是如此缓慢，以至于从大爆炸到今天，几乎没有白矮星有机会变成黑矮星。为了支持这一理论，迄今为止发现最"冷"的白矮星的表面温度仍然超过 3700 摄氏度。太阳也会产生一颗白矮星，但这需要 60 亿到 70 亿年的时间。

行星，但也不是行星

第一批行星状星云是在 18 世纪下半叶被观测和编目的。然而，当时可用的仪器的分辨率并不足以辨别这些天体的细节。由于它们的形状是圆形的，所以被比作气态巨行星。英国天文学家威廉·赫歇尔在 1780 年左右创造了"行星状星云"这个术语，假设它们是在形成行星的过程中被扩散物质包围的恒星。没过多久，人们就意识到这些天体的性质与行星毫无关系，但它们名称中的形容词"行星状的"却没有改变。

右图　威廉·赫歇尔 (1738—1822)，一位出生在德国的英国天文学家。他创造了"行星状星云"这一说法。

银河系的"天线"

　　这是两个被称为"天线"的相互作用的星系在不同波长下的合成图像。蓝色的部分是由钱德拉卫星在X射线中探测到的，显示了恒星在进化末期爆炸所产生的热气体区域。

● 图片来源：X射线：美国国家航空航天局/CXC/SAO/J.德·帕斯夸里；红外：美国国家航空航天局/JPLCaltech；光学：美国国家航空航天局/空间望远镜研究所。

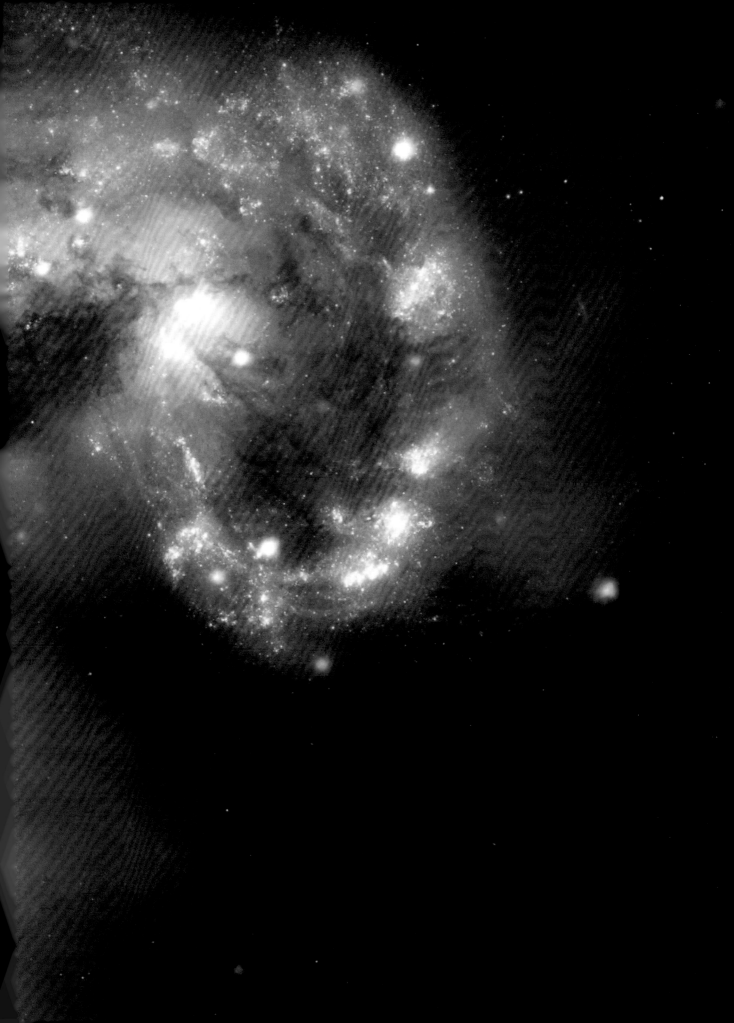

第六章

超新星、中子星和黑洞

比太阳大得多的恒星正面临着动荡的命运：它们要么爆炸，要么完全解体，要么留下一些人类已知的密度最大且最紧凑的物体——黑洞。

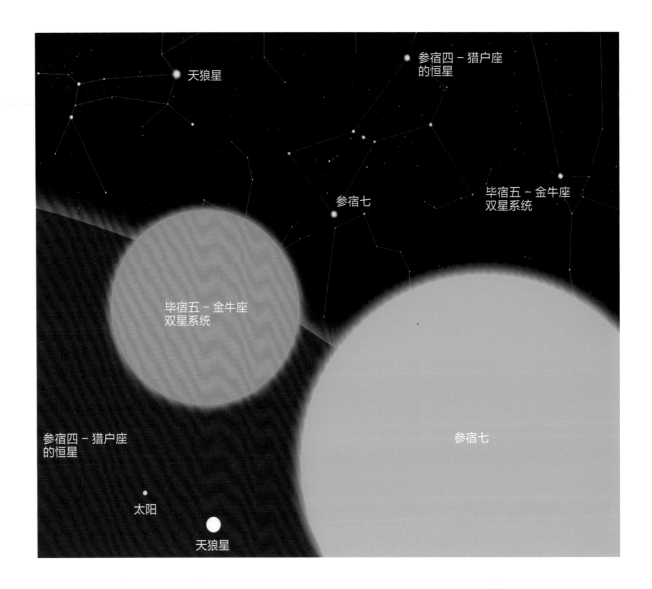

天狼星

参宿四 – 猎户座
的恒星

参宿七

毕宿五 – 金牛座
双星系统

毕宿五 – 金牛座
双星系统

参宿四 – 猎户座
的恒星

太阳

天狼星

参宿七

上图 冬季天空中一些恒星的大小比较。与这些巨型和超巨型恒星相比，太阳（直径约140万千米）只是一个小斑点。参宿四非常大（其直径是太阳的700多倍），以至于只有其表面的一小部分可以被放入图片中。图片来源：bctkpd.com。

上一页 以艺术的形式展示了超新星的爆炸。

我们已经看到了像太阳这样的恒星在其演化过程中所遵循的路径的亮点。特别是我们已经讨论了它生命的最后阶段，目的也在于了解整个太阳系的未来，从而了解我们星球的未来。但是存在一些与太阳很不一样的恒星，尤其是在质量方面，这是决定星体命运的关键参数。

从矮星到超巨星

让我们从质量不大的恒星开始，这些恒星的质量小于太阳质量的60%，被称为红矮星。我们没有直接证据表明，当我们接近它们生命的最后阶段时，会发生什么，因为它们的时间要多于宇宙现如今的年龄。然而人们认为，在核聚变反应

下图 超巨星仙王座 μ 星，也被称为"石榴星"。图片来源：维基百科。

结束时，它们可以演化为白矮星，可以在不经过红巨星阶段的情况下缓慢地变成白色矮星。稍微大一点的红矮星可以变成超巨星，但无法达到其同名分支的顶端：在达到一定程度后，它们也会演变成白矮星。

更有趣的是质量超过太阳 10 倍的恒星的命运，它们的最后阶段要壮观得多。最亮和质量最大的主序恒星经历了一个巨大的阶段。在这个阶段中，未退化的核心中出现了氦聚变。光度并没有像在其他情况下那样急剧增加。它们是中等质量的恒星。可以说，这些巨星一开始便有了"优势"。半径经历了相当大的增加，恒星像气球一样膨胀，达到了几乎难以想象的大小，甚至是太阳直径的 1000 倍：目的是填满这些天空中的怪物之一所占据的体积。这些怪物被称为"红超星"。我们在 H-R 图的最高处可以找到它们，它需要 10 亿颗像我们这样的恒星。

肉眼可见的最大恒星

在仙王座中可以识别出 颗在晴朗的夜晚几乎察觉不到的恒星。它的名字叫造父四，也被称为"石榴星"，它是迄今为止可以用肉眼观察到的最大的超巨星。它距离地球在 1000 到 6000 光年之间。无论如何，"石榴星"的直径是太阳的 1200 到 1400 倍。如果它在我们恒星的位置上，它的表面就会一直延伸至土星的轨道。

左图 这颗超新星于 2018 年在 NGC 2525 星系内爆炸，该星系位于距地球 7000 万光年的南部船尾座。左边的爆炸恒星比银河系中的其他恒星显得更明亮。图片来源：欧洲南方天文台 / 哈勃望远镜和美国国家航空航天局，A. 里斯和哈勃团队，感谢马赫迪·扎马尼。

此类恒星中最出名的无疑是猎户座中的比邻星。它位于距离我们 500 到 650 光年之间，是我们在夜空中可以观察到的最大的红色超巨星之一，它正在经历其生命的最后"时刻"。根据澳大利亚国立大学的一组研究人员在 2020 年 10 月发表的一篇论文，这颗恒星的直径是太阳的 700 多倍，并可能在未来 10 万年内结束它的生命。对人类来说这是一个非常长的时间，但对一颗恒星来说却是微不足道的。对于参宿四来说，它与一个伟大的结局之间似乎只有几个小时的距离，这将通过一种被称为超新星的巨大能量爆发来实现。

超新星

当一颗大质量的恒星完成了氦的融合，它的核心就会压缩并变热，从而引发碳的融合变为氖。恒星的内部分为三层，核反应在这里进行：一个碳核，一个氦壳和一个外氢壳。如果总质量不超过 12 个太阳质量，一旦碳聚变完成，恒星就会变得不稳定，并在没有任何进一步的步骤下爆炸。对于更大的物休，核反应仍在进行，合成连续的元素，并创造出一个具有越来越多聚变壳的洋葱结构。随着时间的推移，融合壳的数量越来越多。从氖到氧，再到硅，最后到铁。尽管释放出巨大的能量，但新反应发生的速度并不允许恒星在其外部结构中发生重大变化。从碳的聚变开始到硅与铁的聚变结束，只过了几百年的时间！但这并不意味着它就会消失。然而，一旦恒星中心的铁生产完成，无论恒星的质量如何，核聚变都会停止。

发生这种阻塞是因为铁是自然界中最稳定的元素，是质子和中子处于最低能量状态的元素。

换句话说，为了产生更重的元素而熔化两个铁原子需要比反应释放出更多的能量。而宇宙并不喜欢这样的过程。当一颗恒星中的铁核无法提供额外的能

爆炸的白矮星

　　Ia 超新星是由一个双星系统中的白矮星爆炸产生的。正如我们在这幅艺术作品中所看到的那样，白矮星从伴星中吸积质量后呈碟状：当质量超过一个临界值时，白矮星就会爆炸。

● 图片来源：欧洲南方天文台 /atg 媒体实验室。

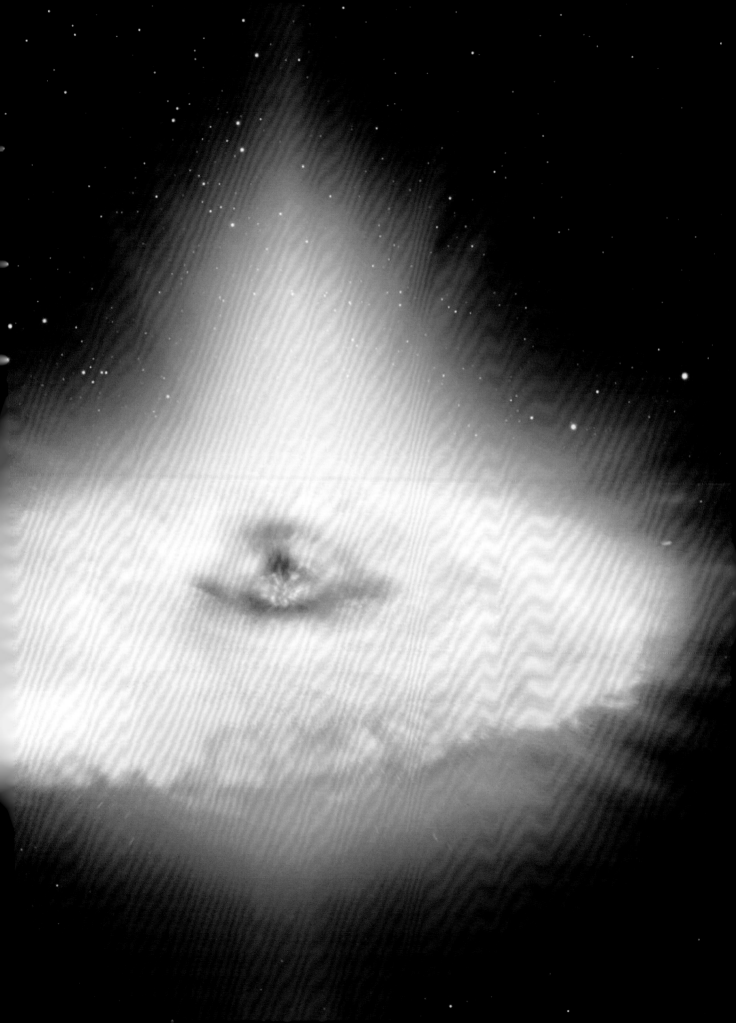

量来对抗引力。当其质量达到太阳的 1.5 倍左右时，它就会剧烈收缩，内部塌陷。所产生的令人难以置信的引力能量的释放，会将恒星的各层喷射出来。这一激烈的宇宙事件可以持续几周至几个月。这被称为超新星核心坍缩。恒星的亮度增加得如此之多，以至于一颗超新星可以变得像一个小星系一样明亮：一个天体释放出数十亿颗恒星的力量。如果我们看到一个相对近的超巨星参宿四爆炸，我们会看到一个点。它亮到白天都能看见，晚上则会像月光一样在地上投下阴影。

爆炸之后，超新星的亮度逐渐减弱，直到几个月后该天体无法被看到。但在一段时间内它创造了壮观的景象。除此之外，在人类的时间尺度上，这个阶段的恒星演化是我们唯一可以"现场"跟踪的。这些爆炸在几百光年的半径内可以对

拓展阅读
1006 超新星

古人观察到了我们银河系中爆炸的几个超新星，尽管它们的物理意义并不为人所知。例如，中国和伊斯兰教文献曾记载，1006 年在豺狼座附近发现了一颗非常明亮的星星。埃及天文学家阿里·伊本·里德万将其描述为一个"比金星大两到三倍的圆形物体"，其亮度比四分之一的月球还要大。

几十年后，中国记录中记载的一个事件提到了一个非常明亮的"主星"——金牛座超新星。从公元 1054 年到 1056 年，它闪耀了近两年。1572 年，仙后座出现了一颗超新星，被著名的丹麦天文学家第谷·布拉赫（1546—1601）观测到。是他创造了"新星"一词。"超级"这一称谓是由宇宙学家沃尔特·巴德和弗里茨·兹威基于 1931 年在加利福尼亚理工学院的讲座中添加的。在 1604 年，观察到蛇夫座的一颗超新星的人中包括约翰·开普勒。这是我们已知的距今最近的一颗银河系超新星。但这几乎是一个笑话，因为望远镜是在四年后的 1608 年发明的。

右图 丹麦天文学家第谷·布拉赫，他亲眼看到了 1572 年出现的超新星。

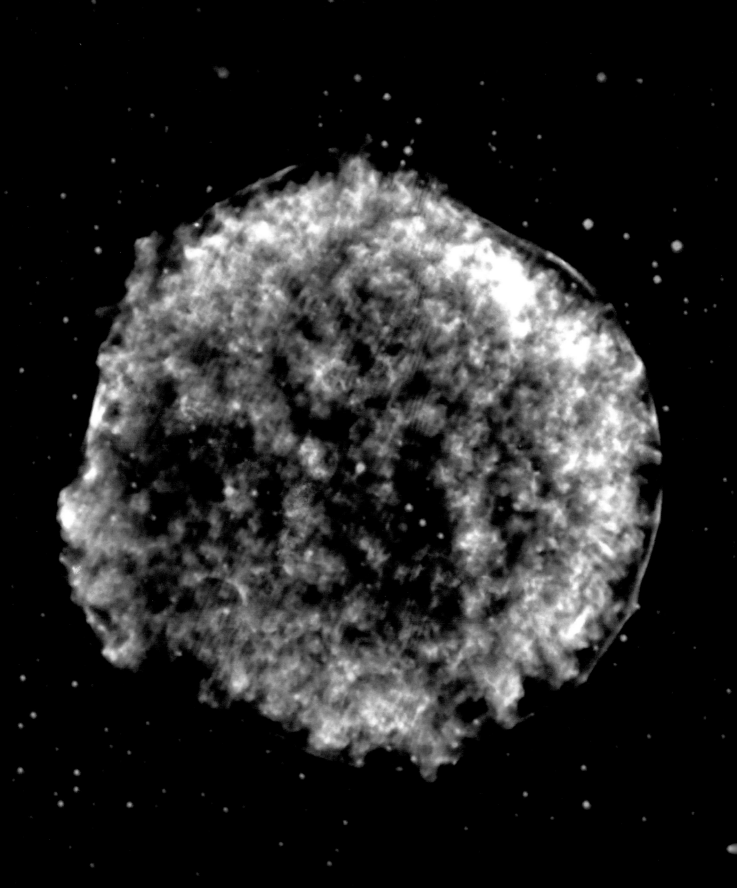

周围环境造成影响。几乎可以肯定的是，如果一颗超新星在距离地球大约20光年的范围内发生，所产生的辐射可以消灭我们的臭氧层，危及地球上的生命。幸运的是，附近没有一颗恒星会给我们开这样的玩笑。另一方面，超新星的冲击波如果与星云相撞，会引发新恒星的形成。从一颗死亡的恒星中，可以诞生几十颗新的恒星。

超新星有多种类型，这与爆炸的发展方式和产生超新星的恒星的性质有关，即所谓的"原生星"。比如除了大质量恒星，白矮星也能产生超新星。这种被称为"Ia"型。然而，这些是发生在双星系统中的爆炸，白矮星从其伴星的表面"偷"走物质，变得不稳定并爆炸，释放出相同的能量。这类超新星在宇宙学中被用来测量遥远星系的距离，并在1998年促使人们发现了宇宙的加速膨胀。

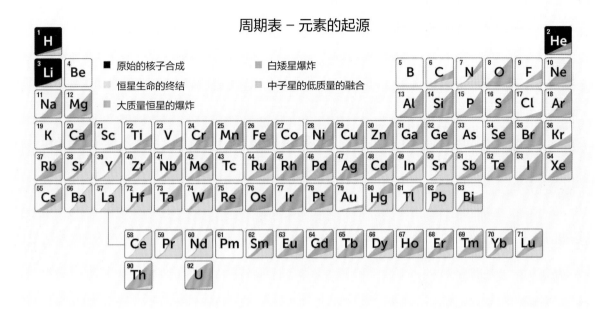

周期表 - 元素的起源

- ■ 原始的核子合成
- ■ 恒星生命的终结
- ■ 大质量恒星的爆炸
- ■ 白矮星爆炸
- ■ 中子星的低质量的融合

上图 这一非常特别的元素周期表展示了一系列机制。通过这些机制，不同的化学元素在与恒星生命相关的各种现象的过程中得以产生。图片来源：C. 小林。

在核心坍缩超新星中，我们可以区分出三个主要类别：Ib、Ic 和 II。区别在于光谱中存在的化学元素。在实践中，通过分析超新星发出的光，可以获得原生星的化学成分和特征。

爆炸之后，恒星的物质以每秒数千千米的速度被抛向太空。电离的气体在剧烈的冲击波作用下扩大了数光年，形成了一种叫作"超新星残骸"的星云结构。与行星状星云一样，它将在几千年内分散到星际中心。

元素的生产者

在时间之初，早期宇宙中只有三种化学物质是由大爆炸产生的：氢、氦和微量锂。其他所有都是在恒星本身，即宇宙的核"工厂"中合成的。然而，我们在这些章节中分析的恒星演化给我们带来了一个问题：如果核聚变不能产生比铁更重的元素，那么周期表中的后续元素是如何形成的？即使在太阳中，特别是在地球上，也有更重的原子：从铜到银，从铯到金……它们来自哪里？

在红巨星的湍流内部区域的一些过程中可以合成少量的这些元素，但绝大多数都是通过超新星等高能事件产生的。在这些爆炸中释放的能量使重核得以产生，它们分散到星际空间与分子云混合，随后的恒星世代将在这里形成。因此，在太阳系形成之前，就有像超新星这样的恒星爆炸，将它们的物质释放到我们的恒

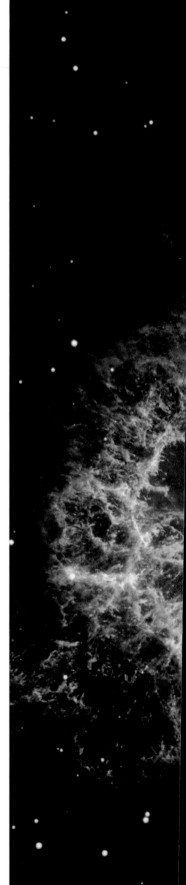

星、地球以及最终的人类诞生的原始星云中。我们确实是恒星的孩子，是涉及星星的诞生与死亡的奇妙循环的产物。

中子星

让我们回到大质量恒星演化的最后阶段。当它作为超新星结束其存在时，在重力作用下被压缩的核心可能会有不同的结局。

人们认为，最初质量是太阳 150 倍的恒星会猛烈地爆炸，以至于完全解体。更大质量的恒星可能会坍缩，而不会像超新星那样爆发（这只是猜测，因为此类物体非常罕见，它们的进化还没有得到很好的理解）。

另一方面，在 10 到 40 个太阳质量的恒星中，铁的核心所包含的物质比整个太阳还要多，不再能够抵消由于重力而产生的压力。甚至连保利不相容原理都无法支撑电子，它们实际上是被"压"在原子核上的：压缩的惊人能量被电子和质子吸收，通过一个被称为"逆 β"的过程融合在一起，产生中子。

该天体的大小被缩小到一个大型城市的大小：形成一个极其密集的球体，平均直径约为 20 千米，被称为中子星。除了原子核成分之间的量子排斥外，四种基本力中最强烈的强核相互作用只在非常小的尺度上有反应，在这种情况下也会发挥作用。天体在一种不符合我们想象的简并化物质中稳定下来。想象一下，将400 万辆汽车压缩成一个边长为 1 立方厘米的立方体。这是一颗中子星的平均密度。

天空中的螃蟹

蟹状星云是最著名的、被研究得最多的超新星残余物的例子之一。它是 1054 年的超新星遗迹，曾被远东的天文学家观察到。

看起来是一个椭圆的斑点，轮廓不规则。主要由氢和氦（恒星大气层的残留物）组成的红色细丝围绕着一个蓝色的区域。它的形状隐约类似于螃蟹，因此被称为蟹状星云。在它的中心区域是一颗围绕自己轴线快速旋转的中子星。

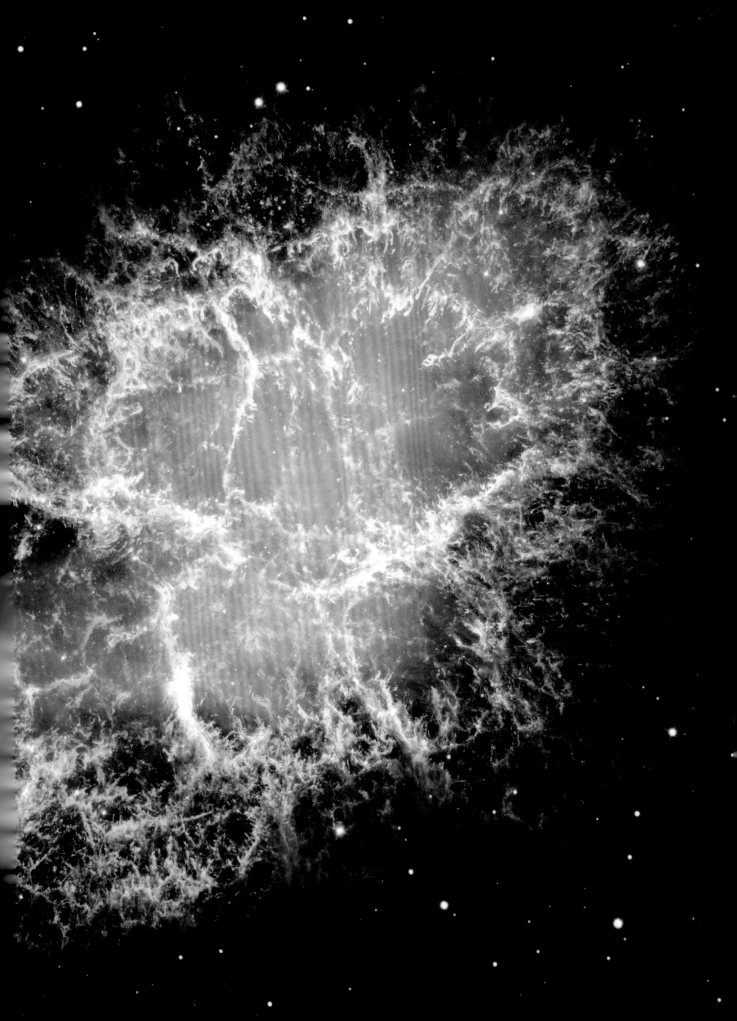

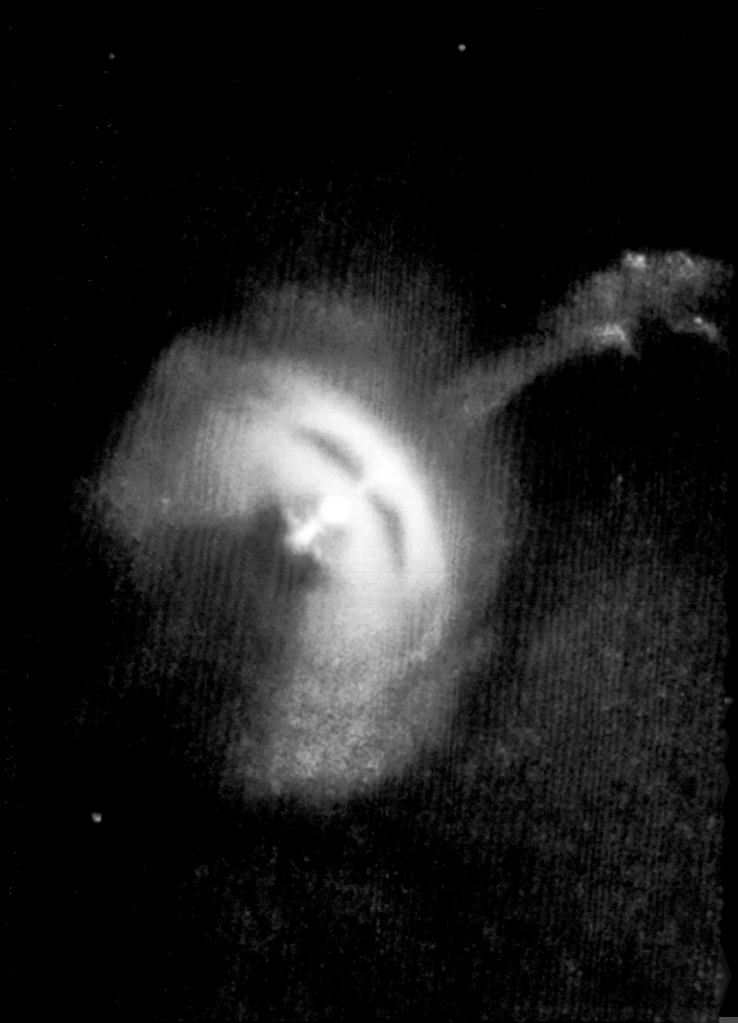

这些恒星残骸表面的重力比地球上的重力大 1000 亿倍。而且缩小后的体积在如此强烈的引力场的作用下，造成了可怕的潮汐效应。我们的脚比我们的头更接近中子星的中心，是地球引力的 2000 万倍。

塌缩之后，中子星的旋转急剧加速。这些天体在几秒钟或几分之一秒钟内自转，产生了它们周围的强烈磁场（比我们星球的磁场大几十亿倍）。被困在磁场线中的粒子，它们以接近光速的速度运动，发射出从无线电到伽马射线的频率非常强烈的电磁波。这种辐射集中在恒星的两极，然后被释放到太空中。由于快速旋转，观察者会注意到辐射束是一种非常近距离的周期性脉冲，如灯塔一般。这些特殊的中子星被称为"脉冲星"并非偶然。最近发现了磁场更强的中子星，磁场的强度约为 100 亿特斯拉（比地球强 1 亿万倍）。为了说明我们所讨论的强度，这样的磁场可以从比火星更远的距离使地球上的所有信用卡消磁。具有这种特性的中子星被称为"磁星"。

中子星的结构仍然部分地笼罩在神秘之中。它们的最外层被认为是几千米厚的固体地壳形式，主要由表面的普通原子核组成，越往深处中子的数量越多。在这一层以下，物质开始变得很奇怪，形成了被称为"核面食"的怪异结构。这些形式的简并化物质是由于电力（排斥质子）、极高的压力和强相互作用的结合，它将原子核固定在一起。根据下降到恒星中心时遇到的条件，我们可以

小绿人

对脉冲星的第一次观测可以追溯到 1967 年，由乔丝琳－贝尔和安东尼·休伊什二人完成。通过一系列的无线电天线，两位科学家发现了一个神秘的脉冲星源的存在。最初，正是因为它的规律性，它被与一个人造的符号联系起来，并被亲切地称为"LGM"（小绿人）。然而此后不久，脉冲星的物理性质得到了澄清。由于这一发现，休伊什在 1974 年被授予诺贝尔物理学奖，然而这一奖项却忽略了贝尔的贡献。

右图 乔丝琳－贝尔。图片来源：《每日先驱报》/SSPL/盖蒂图片社。

下图 假设的中子星内部结构示意图。图片来源: old. inspirehep.net

1. 外层地壳－原子核和电子。

2. 内壳－原子核、电子和超流体中子。

3. 原子核－超流体中子、超导质子以及可能的其他亚核粒子和自由夸克。

遇到不同阶段的核面食：从马铃薯面团到意大利面条、千层面甚至通心粉。如果你想知道……不，这不是一个笑话：很简单，科学家在给事物命名时也有幽默感！

在更深入的研究中，研究人员推测了一种可以组成质子和中子的基本粒子——夸克——组成的等离子体的存在。到目前为止，这些物质还没有被单独观察到，而是被限制在核子中。在中子星的极端条件下，夸克实际上可以自由漂浮，形成一种新的"奇异状态"。2017 年，参与引力波探测国际合作组项目的科学家在全球范围内的合作揭示了距离我们 1.3 亿光年的九头蛇星座中的椭圆星系的引力波信号。引力波是在宇宙结构中传播的扰动，与天体的运动有关，并由广义相

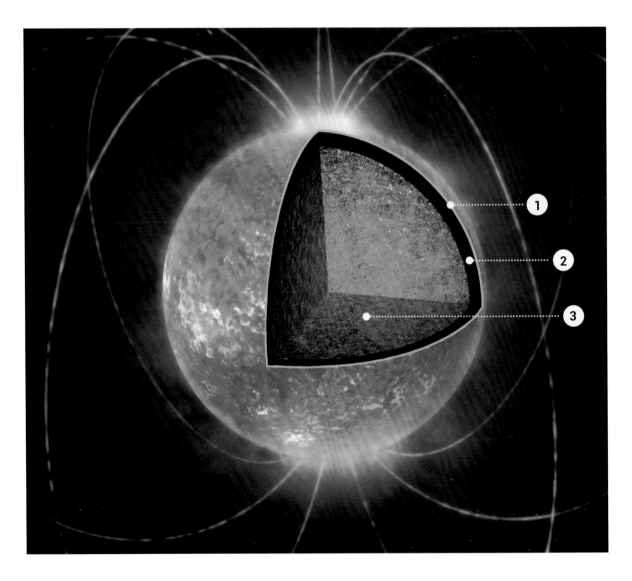

上图 智利的斯沃普望远镜。它观测到了由两颗中子星聚变产生的伽马射线脉冲。这是产生重元素的机制之一。据估计，在这些现象中的每一个都可以合成相当于土星质量的黄金。图片来源：卡内基科学研究所观测站。

对论预测。大约 1.7 秒钟后，在同一天空区域，智利的斯沃普望远镜观测到与同一事件相关的强大伽马射线脉冲。该信号是由两颗中子星在宇宙中合并在一起产生的，释放了大量的能量，相当于超新星所释放能量的几分之一。

漏洞

随着时间的推移，中子星逐渐放慢了旋转周期，每隔一个世纪就会减少几千亿分之一秒。然而偶尔也会有速度的突然增加，被称为突发事件（字面意思是错误），也与物体外壳中的小"星孔"有关。根据一些研究，例如葡萄牙科英布拉大学的一个研究小组在 2020 年进行的研究，核浆的存在可能在解释故障的产生方面发挥重要作用。

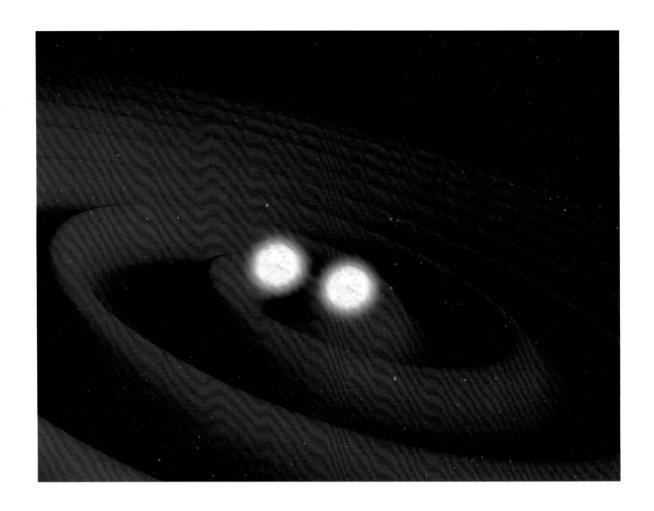

上图 两个中子星发生碰撞时的示意图。图片中的"褶皱"模拟了两个天体运动产生的引力波。图片来源：欧洲南方天文台。

走向黑暗：黑洞

如果原生星的质量大于 40—50 个太阳质量，中子星就会作为坍缩的最终产物出现。作为坍缩的最终产物，事实上有一个极限，叫作托尔曼·奥本海默·沃尔科夫极限，超过这个极限，即使是中子星的超密度物质也无法抵消引力。当恒星核心超过这个极限时，相当于大约 3 个太阳质量，没有什么能够阻止引力场的获胜。天体内爆时在片刻间自我坍缩，一并产生了宇宙中最迷人的物体之一——黑洞。1783 年，英国圣公会牧师约翰·米歇尔在给皇家学会的一份报告中提出了一个既离奇又了不起的想法。当时，关于光的性质最被接受的模式是，它是由物质团组成的，它享有与有质量（包括重力）的物体相同的属性。基于牛顿的万有引力定律，米歇尔考虑了逃逸速度的概念，即一个物体为了挣脱恒星或行星的引力而必须具有的速度。例如在地球上这个速度是 11.19 千米 / 秒；对于太阳，

奇点不可避免！

　　1965 年至 1970 年，罗杰·彭罗斯和斯蒂芬·霍金用严格的数学论述证明，在时空中存在普通物质的情况下，奇点是广义相对论不可避免的后果。除了黑洞内部，在像我们这样不断膨胀的宇宙中，自古以来就有一个奇点存在。它就是大爆炸。这项工作使彭罗斯获得了 2020 年诺贝尔物理学奖。

它是 617 千米 / 秒。根据米歇尔的说法，一颗质量与太阳相同，但半径只有 3 千米的恒星，其质量足以使其逃逸速度与光的速度相等，即 30 万千米 / 秒。因此，有关物体会有一个引力场来捕获光辐射，从外面看是一个黑球（这就是为什么它被称为"暗星"）。然而几年后，当光现象的波浪理论占据主导地位时，这个概念被放弃了。事实上，将光视为无质量的波并不符合光线可能受到重力影响的事实。

　　随着爱因斯坦的广义相对论的提出，情况才再次发生变化。根据这一理论，引力相互作用是一种简单的几何效应，是被称为"时空"的宇宙结构的扭曲，由其中的"某种东西"的存在引起。而"某种东西"指的是不明确的物质或能量。即使是光，当它在宇宙中旅行时，也会受到这种扭曲的影响，并随着重力改变其路径。

　　因此，宇宙中可能存在这样的区域。它的扭曲是如此强烈，以至于无论什么物体越过它的边界都会被困于其中，这被称为"事件视界"。即使是光，尽管它的速度惊人，但一旦越过事件视界的门槛，就无法回头，让我们只能从外面观察到一个巨大的黑色空间。因此，"黑洞"的真正概念，是由美国物理学家约翰·阿奇博尔德·惠勒在 1968 年提出的。

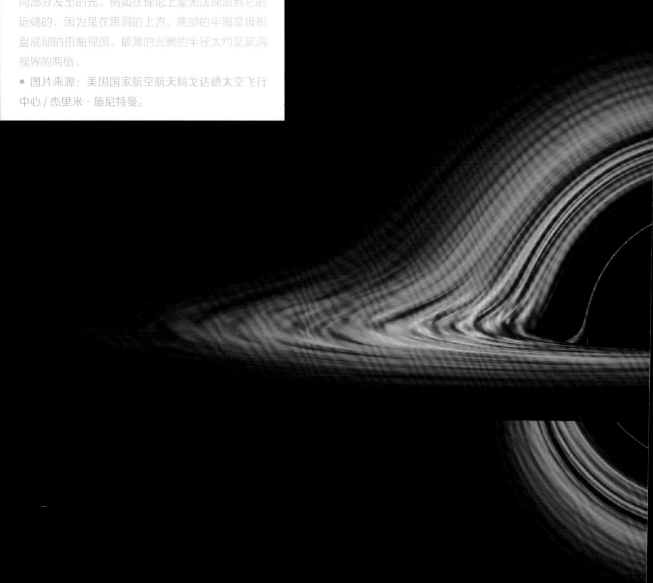

黑洞扭曲

　　黑洞引力如何扭曲我们所看到的东西的数学模拟。实际上，黑洞被一个由围绕它运行的物质组成的平面吸积盘所包围。但是极端重力会扭曲圆盘不同部分发出的光。例如在理论上是无法观测到它的远端的，因为是在黑洞的上方。底部的半圆是吸积盘底部的扭曲视图。最薄的光圈的半径大约是黑洞视界的两倍。

● 图片来源：美国国家航空航天局戈达德太空飞行中心／杰里米·施尼特曼。

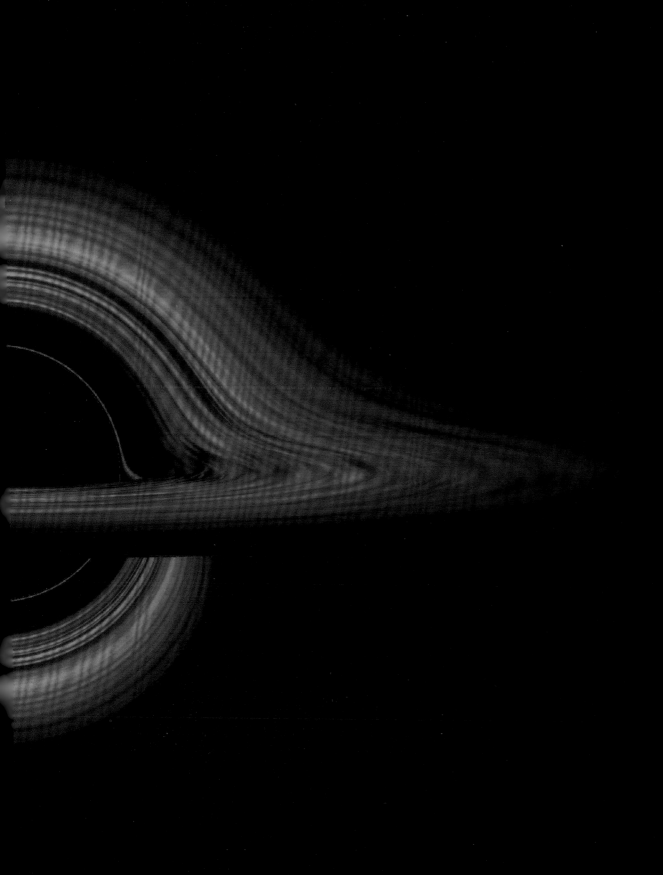

上图 南极望远镜是拍摄银河系中心黑洞的八台望远镜之一。图片来源：彼得·雷切克／美国南极图片库。

然而请注意，黑洞与米歇尔的暗星有着本质的区别。首先，它不是像人们想象的那样由固体物质组成，本质上是由真空组成的。所有穿过事件视界的物质和辐射都倾向于汇聚到我们可以称之为黑洞中心的地方。在这个位置，所有的物理定律，我们所知道的和用来描述自然的属性都不再适用。宇宙的结构撕裂了，就像床单上的一个洞，空间和时间的概念不再有任何意义，现实崩塌了。这就是"时空奇点"的概念。

卡尔·施瓦茨柴尔德在 1916 年率先找到了爱因斯坦的广义相对论方程的解决方案。这个方案展示了宇宙的几何结构，周围是聚集在一个点上的质量。这是最简单的一种黑洞，也被称为"静态"黑洞。对这一结构的详细分析表明，从中心点开始存在一个精确的距离，低于这个距离的光线就无法逃脱物体的引力。这个极限被称为施瓦兹柴尔德半径，用来衡量这种类型的黑洞的事件视界的大小。有趣的是，半径的数值与米歇尔的暗星获得的数值是一致的。

后来人们意识到，黑洞的结构可能更加复杂。这些物体的最一般模型被称为克尔·纽曼模型，由三个基本参数描述：质量、电荷和轴旋转。这三个量的数值相同的黑洞是无法进行区分的。

作为无数的理论研究的主题，黑洞长期以来一直被认为只是一种猜测，是科幻小说且与现实无关，因为不可能近距离分析它们或直接观察黑洞的内部。然而，在过去的几十年里人们已经意识到，黑洞比人们猜测的要复杂得多。事实上，除了单个恒星坍缩产生的黑洞外，现在已知几乎所有星系（包括我们的星系）的中心都有超大质量的黑洞（即质量相当于太阳的数百万或数十亿倍）。这些是在星系生命的早期形成的，要么是由于恒星坍缩产生的黑洞的逐渐生长，要么是由于黑洞的融合。它们通过在事件视界附近产生的巨大能量射流，积极参与调节星系的恒星形成过程。天文学家莱因哈德·根泽尔和安德烈亚·盖兹与物理学家罗杰·彭罗斯一起获得了 2020 年的诺贝尔物理学奖，因为他们研究了一个居住在银河系中心的宇宙怪物：巨大的人马座 A*。

观察我们看不到的东西

在过去的五年里，对黑洞的研究取得了巨大的进步：我们不仅能够揭示黑洞的存在，而且已经可以"直接"观察它们。有些人可能会问，你是如何看待一个天体的，根据定义，它甚至不允许光从它身边溜走。答案再次显示出人类惊人的聪明才智。第一次"观察看不见的东西"使用了另一种信号——引力波作为信息来源，它与光完全不同。2016 年，多亏了 LIGO-VIRGO 国际合作组的天线，首次直接探测到时空结构中的这些扰动。它指的是一对黑洞合并产生的信号。

然而，由于天文学家是追求完美的一类人，所以他们不能满足于引力波，并且采用了第二种方法来观察未知的世界。得益于全球射电望远镜网"视界地平线望远镜"，2019 年 4 月科学界向世界首次提供了（超大质量）黑洞（或者说是以接近光速围绕它旋转的热气盘）的照片。这张图片被一些人称为"索伦之眼"，以纪念《指环王》中的人物。它显示了一个黑暗的区域，其中潜藏着事件视界。神秘的奇点位于其中心，被一个发射无线电波的发光结构所包围。如果不了解情况的人期待着更多引人注目的东西（就像电影《星际》中模拟一样），而不是一个模糊的框架，那么应该指出的是，该物体位于超过 5300 万光年的星系中心。试图理解图像中达到的分辨率，就好像我们试图从勃朗峰顶上识别一个坐在纽约郊区家中喝茶的人的面部细节（如果地球的曲率允许的话）。

像地球一样大的望远镜

视界望远镜网络是全球不同研究机构之间合作的结果。8 台射电望远镜被用来制作 M87 黑洞的图像，它们通过一种叫作"非常宽带干扰学"的技术平行工作。最终的效果是创造了一个单一的、巨大的虚拟望远镜，其大小相当于地球。

上图 由钱德拉太空望远镜拍摄的人马座 A* 周围的区域。这两个椭圆代表了可能由落入黑洞的物质产生的光的"回声"。图片来源：美国国家航空航天局，加州理工穆诺等人。

尽管这些宇宙怪物看起来很可怕，但它们越大，就越有可能在越过事件视界。的确，像 M87 这样的黑洞有一个巨大的引力场，但它在巨大的空间内被很好地"稀释"了。潮汐力，即那些从我们身体的一个点到另一个点的重力差异，将会长期存在，这可以让我们探索这些天体且结局不会很糟糕。当我们越来越接近奇点时，这些力量会不断增加直至我们变成真正的"意大利面"，被极端的引力吸引而拉长。然而有人声称，在某些类型的黑洞中，你可以到达中心并看到奇点，而不会……被杀死。

在本书作者几年前参加的一次研讨会上，里雅斯特国际高级研究中心的研究员斯特凡诺·利伯拉蒂提出了一个非常奇怪的问题，谁能说整个宇宙不包含在一个巨大的黑洞中，大到我们无法在当地感受到重力的影响？最后，没有人走出过宇宙……对吗？

宇宙的未来

作为整本书的结尾，我们试图走得更远，去发现我们认为黑洞最惊人的特性。我们是以时间的顺序来描述的，仔细观察了一颗恒星从诞生到结束的整个历程。通过恒星的演化，我们已经穿越了世界上最迷人且最光亮的地方，直至最黑暗且最不被人所知的空间。基于时间这个概念，我们止步于这最后的压轴大戏。

宇宙的未来……

想象一下，一个疯狂的宇航员发现自己在飞船上，身处于一个大黑洞的轨道上。他又老又累，决定以一种庄严的方式结束自己的生命：把自己发射到事件视界之外。作为一个科学家，他想做一个决定性的实验：他带着一个每秒发出一次闪光的手电筒，出发去迎接他的命运。

其余的船员感到惊讶，他们留在船上，保持安全距离，看着他们的同事接近黑洞。随着科学家继续下降，他的手电筒发出的光逐渐受到重力的吸引，必

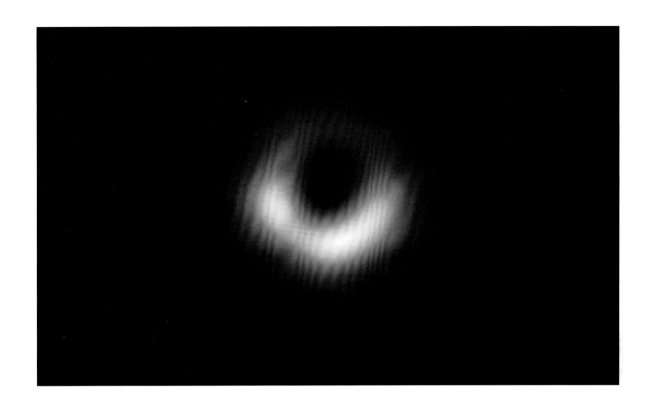

上图 这是一张历史性的照片：M87 星系中心超大质量黑洞的照片。这张照片是通过事件视界望远镜拍摄的。这是一个超大质量的旋转黑洞，质量是太阳的 66 亿倍，其事件视界比我们太阳系的事件视界大。它的母星系 M87 是处女座星系团的主要组成部分，距离地球超过 5300 万光年。在春天的傍晚，当天空中没有明显的污染时，用小型望远镜就可以看到它。图片来源：事件视界望远镜合作组织。

须在事件视界周围做越来越多的"旋转"，才能到达船上。这意味着船员们看到的不是每秒一次的闪光，而是勇敢的宇航员与黑洞之间的距离越小，速度越慢。然而，我们的傻瓜并没有注意到这种减速，当他把手电筒拿在手里时，从他的角度看，信号继续每秒发射一次。那么，请注意，在两束连续的光束之间的相同间隔中，对宇航员来说是一秒钟，而对船员来说是更多的时间，几十秒，几分钟，几小时……时间膨胀随着我们接近事件视界而增加。在实践中，科学家与他的同事相比，简直是在穿越时空！

但是，让我们来看看这个冒险家站在地平线表面之前的那一刻，也就是救赎和黑暗之间的界限。手电筒发出最后一缕光，然后和它的拥有者一起消失在未知的世界里。那束光将留在那里，盘旋在黑洞周围。飞船上的人将不得不等待一个理想中的无限长的时间，然后才能观察到信号。但是对于手拿手电筒的宇航员来说，这道光和下一道光之间的时间总是一样的：一秒钟。

这便出现了一个令人意外的结局：如果我们转过身来，在落入事件视界前的那一瞬间，我们将看到宇宙飞船需要等待多长时间才能看到信号。我们将有机会在一秒钟内看到整个宇宙的未来在我们眼前闪过。也许（这只是一种猜测），我们甚至可以发现《美丽》这部肥皂剧的大结局。

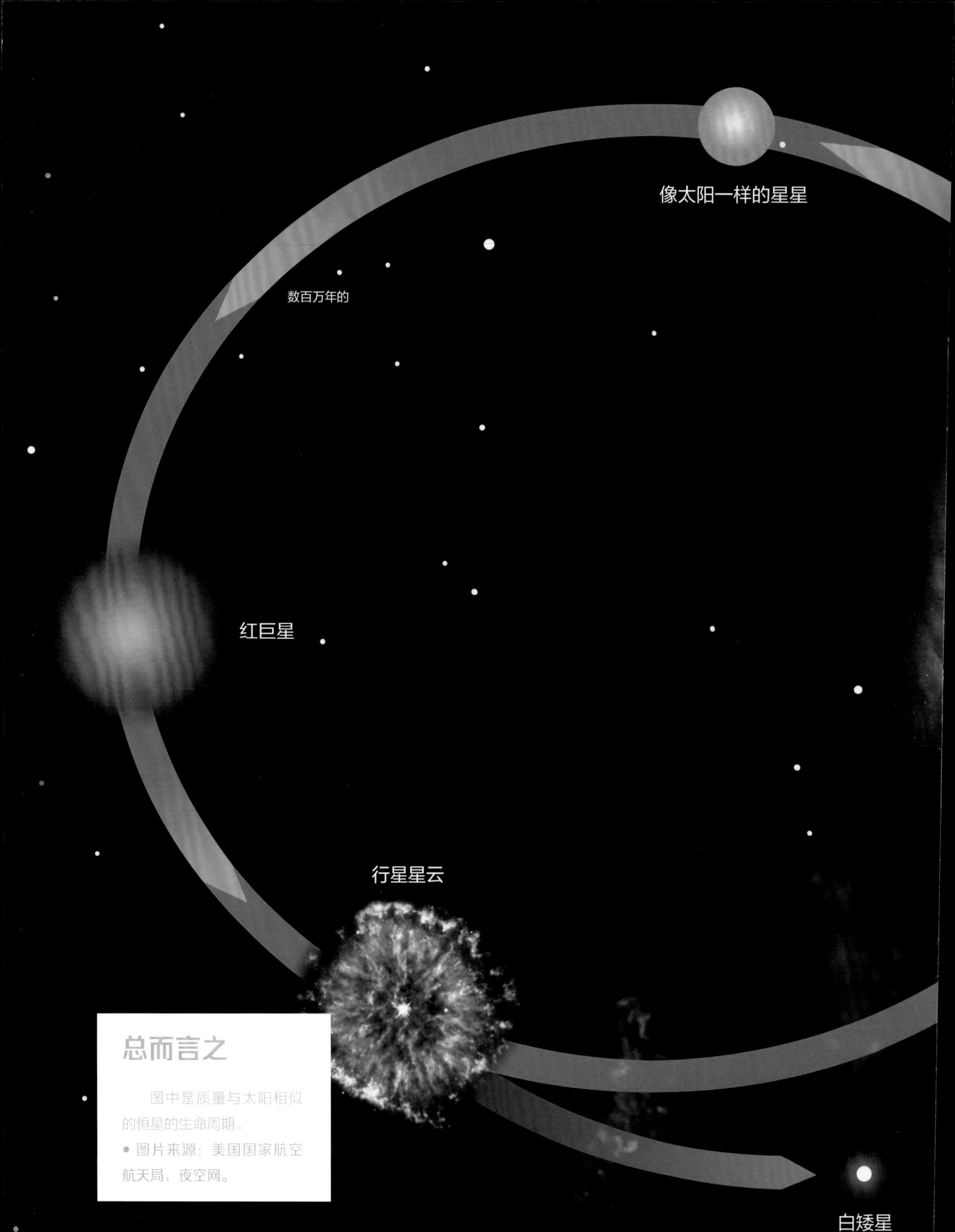

像太阳一样的星星

数百万年的

红巨星

行星星云

白矮星

总而言之

图中是质量与太阳相似的恒星的生命周期。

● 图片来源：美国国家航空航天局，夜空网。

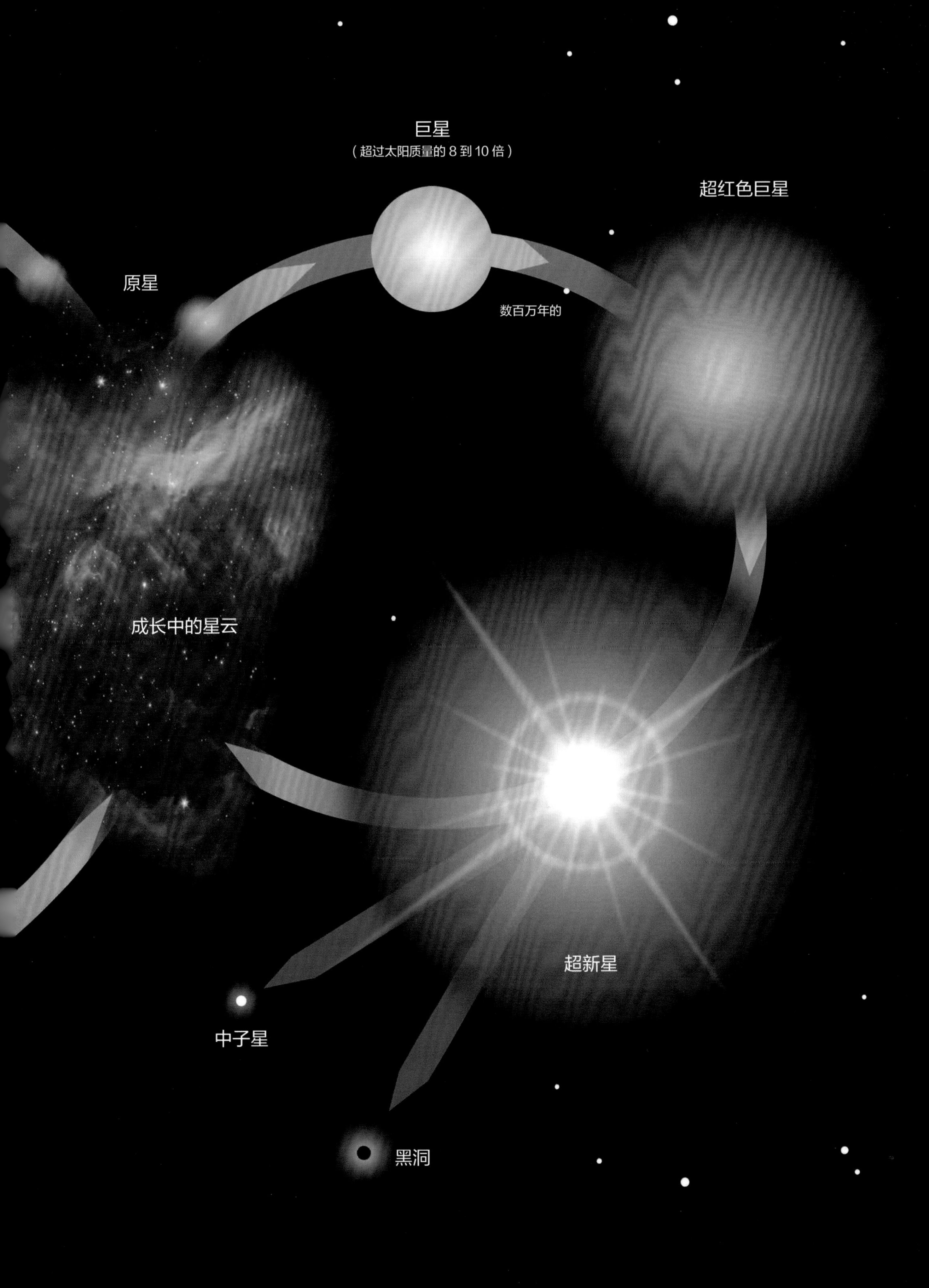

巨星
（超过太阳质量的 8 到 10 倍）

超红色巨星

原星

数百万年的

成长中的星云

超新星

中子星

黑洞

展望

阿米地奥·巴尔比

如今，我们对恒星的形成和功能有了很大的了解，但是它们的存在对天文学家来说一直是个谜。在核相互作用被发现之前，一个天体能够在如此长的时间内闪耀并释放出非凡的能量。但是我们现在知道，创造一颗恒星的秘诀其实很简单：只要宇宙云中有足够多的氢，也就是宇宙中最丰富的元素。让重力将其压缩，使其加热到燃点。

这样的过程在宇宙的历史上已经发生了无数次。今天的宇宙中至少有两千亿颗恒星。但情况并非如此。起初，在大爆炸的最初阶段之后，宇宙在很长一段时间内仍然是一个黑暗的地方，甚至一丝光亮也没有。第一批恒星可能是在几亿年后才发出光芒，它们炎热、明亮且转瞬即逝。它们在爆炸前活了几百万年，将核反应产生的原子散落到太空中。了解这些最早的恒星是什么样子的，以及它们出现的时间，是现代天体物理学的巨大挑战之一：这些问题在时间上很遥远，隐藏在一个黑暗的时代。在这个时代，我们以电磁辐射的形式接收到的信息是稀少的。所以我们仍然不知道很多细节。但在未来的几年里，我们的仪器将会逐渐探测到宇宙的黑暗时代，试图挖掘它们的秘密。

在第一批恒星被点燃之后，宇宙经历了一个非凡的生育阶段，一个名副其实的天体爆炸阶段，宇宙中的恒星越来越多。但实际上，最好的情况已经过去了。创造新恒星所需的材料越来越少，而且诞生的恒星越来越少。最新的估算情况告诉我们，目前在宇宙中闪耀的恒星有一半以上是在 80 亿至 110 亿年前被点燃的，而今天新的诞生率几乎只有当时的 3%。事实上，宇宙中 95% 的恒星已经诞生了。

它们中的许多仍将在很长一段时间内继续发光。最小的和最不发光的将在数十亿年内继续发光，在太阳熄灭后，最后一颗星可能会以万亿年为单位亮起来。但我们必须意识到，宇宙有一个越来越黑暗的未来摆在面前。当我们欣赏夜空的奇观时，记住这一点是好事。我们发现自己生活在一个充满星星的宇宙中，但这个时期只是宇宙历史中的一个小插曲，一个介于完全黑暗的过去和未来之间的相对较短的时期。

另外，这也只能是这样。尽管恒星看起来离我们很遥远，也很独立，但它们以这样或那样的方式与我们日常打交道的几乎所有事情都有联系。不仅因为生命直接依赖于我们从恒星获得的能量，还因为我们周围所看到的一切（包括我们自己的身体）都是由原子构成的，而这些原子是在整个宇宙历史中由连续几代的恒星产生的。我们以一种比占星术和占星师们所想象的更真实、更深刻的方式依赖着星星。

阿米地奥·巴尔比

天体物理学家，罗马第二大学副教授。研究兴趣广泛，从宇宙学到地外生命探索均有涉猎。出版科学著作逾百部（篇），是国际天文学联合会、基础问题研究所、国际宇航科学院 SETI 常务委员会与意大利天体生物学学会科学委员会等多家机构成员。在科普方面，多年来为意大利《科学》月刊撰写专栏，参与过相关广播和电视节目制作，在包括意大利《共和报》和《邮报》在内的多家报纸和期刊上发表过文章。出版多部书籍，其科普哲理漫画《宇宙连环画》（Codice 出版社，2013 年）被翻译成四种语言。2015 年，凭借作品《寻找奇迹的人》（Rizzoli 出版社，2014 年）获意大利国家科普奖。最近一部作品为《最后的地平线》（UTET 出版社，2019 年）。

作者介绍

詹卢卡·兰齐尼

在少年时参观米兰天文馆后对天文学产生兴趣，毕业于天体物理学专业，论文涉及太阳系外行星。毕业后，他在该天文馆担任了几年的科学负责人。随后，他转行从事科学新闻工作，加入《焦点》月刊的编辑部，现在是该杂志的副主编。他已经出版了十几本普及读物，包括与玛格丽塔·哈克合作的《一切始于恒星》和《令人生畏的恒星》以及最近的《为什么他们说地球是平的》，后者的内容涉及地平说和科学方面的假新闻现象。但他并没有忘记行星的世界。2009 年，他创立了意大利行星协会，自 2012 年起担任该协会主席。

洛兰左·皮祖提

1992 年出生在特尔尼，毕业于佩鲁贾大学物理学专业，同时获得特尔尼的帕雷吉亚托·布里夏尔迪音乐学院钢琴专业的文凭。他获得了的里雅斯特大学物理学博士学位，并在 2016 年的意大利气候变化传播者大比赛中获胜。他目前是瓦莱达奥斯塔大区天文台的博士后研究员，在研究宇宙学领域的科学活动的同时，还参与了面向群众的教学和传播工作。对天空的热情从小就伴随着他，正如他对音乐和表演的热情一样。他除了会用几个小时来试图说服人们物理学是美妙的，还喜欢滑雪和看电视节目（严格来说是科幻题材）。

馔美工厂 | **壹品** 新奇有趣

出 品 人：许　永
出版统筹：海　云
责任编辑：王庆芳
　　　　　方楚君
　　　　　杨言妮
责任技编：吴彦斌
　　　　　周星奎
特约编审：单蕾蕾
特邀编辑：杜天梦
封面设计：张传营
内文制作：万　雪
印制总监：蒋　波
发行总监：田峰峥

发　　　行：北京创美汇品图书有限公司
发行热线：010-59799930
投稿信箱：cmsdbj@163.com

官方微博

微信公众号

小美读书会
公众号

小美读书会
读者群